新一代人工智能 2030 全景科普丛书

# 人工智能
## 2030

赵志耘　王喜文　贠　强　编著 ●‥‥●

科学技术文献出版社
SCIENTIFIC AND TECHNICAL DOCUMENTATION PRESS
·北京·

**图书在版编目（CIP）数据**

人工智能2030 / 赵志耘，王喜文，贠强编著. —北京：科学技术文献出版社，2020.9

（新一代人工智能2030全景科普丛书 / 赵志耘总主编）

ISBN 978-7-5189-5993-8

Ⅰ.①人… Ⅱ.①赵… ②王… ③贠… Ⅲ.①人工智能—普及读物 Ⅳ.①TP18-49

中国版本图书馆 CIP 数据核字（2019）第 192113 号

## 人工智能2030

策划编辑: 李 蕊　责任编辑: 张 红　责任校对: 文 浩　责任出版: 张志平

| | | |
|---|---|---|
| 出 版 者 | 科学技术文献出版社 | |
| 地　　址 | 北京市复兴路15号　邮编　100038 | |
| 编 务 部 | (010) 58882938，58882087（传真） | |
| 发 行 部 | (010) 58882868，58882870（传真） | |
| 邮 购 部 | (010) 58882873 | |
| 官 方 网 址 | www.stdp.com.cn | |
| 发 行 者 | 科学技术文献出版社发行　全国各地新华书店经销 | |
| 印 刷 者 | 北京时尚印佳彩色印刷有限公司 | |
| 版　　次 | 2020 年 9 月第 1 版　2020 年 9 月第 1 次印刷 | |
| 开　　本 | 710×1000　1/16 | |
| 字　　数 | 190千 | |
| 印　　张 | 12.75 | |
| 书　　号 | ISBN 978-7-5189-5993-8 | |
| 定　　价 | 58.00元 | |

# 总　序

　　人工智能是指利用计算机模拟、延伸和扩展人的智能的理论、方法、技术及应用系统。人工智能虽然是计算机科学的一个分支，但它的研究跨越计算机学、脑科学、神经生理学、认知科学、行为科学和数学，以及信息论、控制论和系统论等许多学科领域，具有高度交叉性。此外，人工智能又是一种基础性的技术，具有广泛渗透性。当前，以计算机视觉、机器学习、知识图谱、自然语言处理等为代表的人工智能技术已逐步应用到制造、金融、医疗、交通、安全、智慧城市等领域。未来随着技术不断迭代更新，人工智能应用场景将更为广泛，渗透到经济社会发展的方方面面。

　　人工智能的发展并非一帆风顺。自1956年在达特茅斯夏季人工智能研究会议上人工智能概念被首次提出以来，人工智能经历了20世纪50—60年代和80年代两次浪潮期，也经历过70年代和90年代两次沉寂期。近年来，随着数据爆发式的增长、计算能力的大幅提升及深度学习算法的发展和成熟，当前已经迎来了人工智能概念出现以来的第三个浪潮期。

　　人工智能是新一轮科技革命和产业变革的核心驱动力，将进一步释放历次科技革命和产业变革积蓄的巨大能量，并创造新的强大引擎，重构生产、分配、交换、消费等经济活动各环节，形成从宏观到微观各领域的智能化新需求，催生新技术、新产品、新产业、新业态、新模式。2018年麦肯锡发布的研究报告显示，到2030年，人工智能新增经济规模将达13万亿美元，其对全球经济增长的贡献可与其他变革性技术如蒸汽机相媲美。近年来，世界主要发达国家已经把发展人工智能作为提升其国家竞争力、维护国家安全的重要战略，并进行针对性布局，力图在新一轮国际科技竞争中掌握主导权。

德国 2012 年发布十项未来高科技战略计划，以"智能工厂"为重心的工业 4.0 是其中的重要计划之一，包括人工智能、工业机器人、物联网、云计算、大数据、3D 打印等在内的技术得到大力支持。英国 2013 年将"机器人技术及自治化系统"列入了"八项伟大的科技"计划，宣布要力争成为第四次工业革命的全球领导者。美国 2016 年 10 月发布《为人工智能的未来做好准备》《国家人工智能研究与发展战略规划》两份报告，将人工智能上升到国家战略高度，为国家资助的人工智能研究和发展划定策略，确定了美国在人工智能领域的七项长期战略。日本 2017 年制定了人工智能产业化路线图，计划分 3 个阶段推进利用人工智能技术，大幅提高制造业、物流、医疗和护理行业效率。法国 2018 年 3 月公布人工智能发展战略，拟从人才培养、数据开放、资金扶持及伦理建设等方面入手，将法国打造成在人工智能研发方面的世界一流强国。欧盟委员会 2018 年 4 月发布《欧盟人工智能》报告，制订了欧盟人工智能行动计划，提出增强技术与产业能力，为迎接社会经济变革做好准备，确立合适的伦理和法律框架三大目标。

党的十八大以来，习近平总书记把创新摆在国家发展全局的核心位置，高度重视人工智能发展，多次谈及人工智能重要性，为人工智能如何赋能新时代指明方向。2016 年 8 月，国务院印发《"十三五"国家科技创新规划》，明确人工智能作为发展新一代信息技术的主要方向。2017 年 7 月，国务院发布《新一代人工智能发展规划》，从基础研究、技术研发、应用推广、产业发展、基础设施体系建设等方面提出了六大重点任务，目标是到 2030 年使中国成为世界主要人工智能创新中心。截至 2018 年年底，全国超过 20 个省市发布了 30 余项人工智能的专项指导意见和扶持政策。

当前，我国人工智能正迎来史上最好的发展时期，技术创新日益活跃、产业规模逐步壮大、应用领域不断拓展。在技术研发方面，深度学习算法日益精进，智能芯片、语音识别、计算机视觉等部分领域走在世界前列。2017—2018 年，中国在人工智能领域的专利总数连续两年超过了美国和日本。在产业发展方面，截至 2018 年上半年，国内人工智能企业总数达 1040 家，位居世界第二，在智能芯片、计算机视觉、自动驾驶等领域，涌现了寒武纪、旷视等一批独角兽企业。在应用领域方面，伴随着算法、算力的不断演进和提升，越来越多的产品和应用落地，比较典型的产品有语音交互类产品（如智能音箱、智能语音助理、智能车载系统等）、智能机器人、无人机、无人驾驶汽车等。人工智能的应用范围则更加广泛，目前已经在制造、医疗、金融、教育、安防、商业、智能家居等多个垂直领域得到应用。总体来说，目前我国在开发各种人工智能应用方面发展非常迅速，但在基础研究、原创成果、顶尖人才、技术生态、基础平台、标准规范等方面，距离世界领先水平还存在明显差距。

1956 年，在美国达特茅斯会议上首次提出人工智能的概念时，互联网还没有诞生；今天，新一轮科技革命和产业变革方兴未艾，大数据、物联网、深度学习等词汇已为公众所熟知。未来，人工智能将对世界带来颠覆性的变化，它不再是科幻小说里令人惊叹的场景，也不再是新闻媒体上"耸人听闻"的头条，而是实实在在地来到我们身边：它为我们处理高危险、高重复性和高精度的工作，为我们做饭、驾驶、看病，陪我们聊天，甚至帮助我们突破空间、表象、时间的局限，见所未见，赋予我们新的能力……

这一切，既让我们兴奋和充满期待，同时又有些担忧、不安乃至惶恐。就业替代、安全威胁、数据隐私、算法歧视……人工智能的发展和大规模应用也会带来一系列已知和未知的挑战。但不管怎样，人工智能的开始按钮已经按下，而且将永不停止。管理学大师彼得·德鲁克说："预测未来最好的方式就是创造未来。"别人等风来，我们造风起。只要我们不忘初心，为了人工智能终将创造的所有美好全力奔跑，相信在不远的未来，人工智能将不再是以太网中跃动的字节和 CPU 中孱弱的灵魂，它就在我们身边，就在我们眼前。"遇见你，便是遇见了美好。"

新一代人工智能 2030 全景科普丛书力图向我们展现 30 年后智能时代人类生产生活的广阔画卷，它描绘了来自未来的智能农业、制造、能源、汽车、物流、交通、家居、教育、商务、金融、健康、安防、政务、法庭、环保等令人叹为观止的经济、社会场景，以及无所不在的智能机器人和伸手可及的智能基础设施。同时，我们还能通过这套丛书了解人工智能发展所带来的法律法规、伦理规范的挑战及应对举措。

　　本丛书能及时和广大读者、同仁见面，应该说是集众人智慧。他们主要是本丛书作者、为本丛书提供研究成果资料的专家，以及许多业内人士。在此对他们的辛苦和付出一并表示衷心的感谢！最后，由于时间、精力有限，丛书中定有一些不当之处，敬请读者批评指正！

赵志耘

2019 年 8 月 29 日

# 前　言

　　人工智能的迅速发展将深刻改变人类社会生活、改变世界。为抢抓人工智能发展的重大战略机遇，构筑我国人工智能发展的先发优势，加快建设创新型国家和世界科技强国，按照党中央、国务院部署要求，由科技部牵头制定了《新一代人工智能发展规划》（以下简称《规划》），并于 2017 年 7 月在中国政府网上正式发布。

　　《规划》要求全面贯彻党的十八大和十八届三中、四中、五中、六中全会精神，深入学习贯彻习近平总书记系列重要讲话精神和治国理政新理念新思想新战略，按照"五位一体"总体布局和"四个全面"战略布局，认真落实党中央、国务院决策部署，深入实施创新驱动发展战略，以加快人工智能与经济、社会、国防深度融合为主线，以提升新一代人工智能科技创新能力为主攻方向，发展智能经济，建设智能社会，维护国家安全，构筑知识群、技术群、产业群互动融合和人才、制度、文化相互支撑的生态系统，前瞻应对风险挑战，推动以人类可持续发展为中心的智能化，全面提升社会生产力、综合国力和国家竞争力，为加快建设创新型国家和世界科技强国、实现"两个一百年"奋斗目标和中华民族伟大复兴中国梦提供强大支撑。

　　为此，《规划》提出发展新一代人工智能的 6 项重点具体任务和 6 项政策保障措施。6 项重点具体任务分别为：构建开放协同的人工智能科技创新体系、培育高端高效的智能经济、建设安全便捷的智能社会、加强人工智能领域军民融合、构建泛在安全高效的智能化基础设施体系、前瞻布局新一代人工智能重大科技项目。6 项政策保障措施主要包括：制定促进人工智能发展的法律法规和伦理规范、完善支持人工智能发展的重点政策、建立人工智能技术标准和知识产权体系、建立人工智能安全监管和评估体系、大力加强人工智能劳动力培训、广泛开展人工智能科普活动。

本书及本套丛书就是为了落实"广泛开展人工智能科普活动"而编写的，希望社会大众由此而深入了解国家利用新一代人工智能技术，发展智能经济、建设智能社会的宏伟蓝图。

# 目　录

# 第一章

# 大势所趋

未来 10 年，将是世界经济新旧动能转换的关键 10 年。人工智能、大数据、量子信息、生物技术等新一轮科技革命和产业变革正在积聚力量，催生大量新产业、新业态、新模式，给全球发展和人类生产生活带来翻天覆地的变化。

——2018 年 7 月 25 日习近平主席在金砖国家工商论坛上的讲话

## 第一节　人工智能的概念与诞生

人工智能是研究开发能够模拟、延伸和扩展人类智能的理论、方法、技术及应用系统的一门新的技术科学，研究目的是促使智能机器会听（语音识别、机器翻译等）、会看（图像识别、文字识别等）、会说（语音合成、人机对话等）、会思考（人机对弈、定理证明等）、会学习（机器学习、知识表示等）、会行动（机器人、自动驾驶汽车等）。

1950 年，艾伦·麦席森·图灵发表了一篇划时代的论文《计算机器与智能》（*Computing Machinery and Intelligence*），详细讨论了"机器能否拥有智能？"这一充满争议的问题。有趣的是，作为计算机科学与人工智能领域共同的先驱，图灵成功定义了什么是机器，但却不能定义什么是智能。正因为如此，图灵设计了一个后人称为图灵测试（Turing Test）的实验。图灵测试的核心想法是要求计算机在没有直接物理接触的情况下接受人类的询问，并尽可能把自己伪装成人类。如果"足够多"的询问者在"足够长"的时间里无法以"足够高"的正确率辨别被询问者是机器还是人类，就可以认为这个计算机通过了图灵测试（图1-1）。图灵把他设计的测试看作人工智能的一个充分条件，主张认为通过图灵测试的计算机应该被看作是拥有智能的。"机器能思考吗？"这个问题启发了无穷的想象，一个人工智能时代即将开始。

艾伦·麦席森·图灵
(1912.6.23—1954.6.7)

**图 1-1　艾伦·麦席森·图灵**

1952 年，IBM 公司的阿瑟·塞缪尔（Arthur Samuel）开发了一个西洋跳棋程序。该程序能够通过观察当前位置，并学习一个隐含的模型，从而为后续动作提供更好的指导。塞缪尔发现，伴随着该游戏程序运行时间的增加，其可以实现越来越好的后续指导。他创造了"机器学习"（machine learning）的概念，并将其定义为"不显式编程地赋予计算机能力的研究领域"。早期计算机科学家认为，计算机不可能完成事先没有显式编程好的任务，而萨缪尔的跳棋程序推翻了这个假设。机器学习让计算机像人类一样具备汲取知识的能力，从自己的成败经历中学习。机器学习对人工智能领域的研究产生了重大的影响。

1955 年，艾伦·纽厄尔（Allen Newell）和赫伯特·西蒙（Herbert A. Simon）开发了一个名为"逻辑理论家"（Logic Theorist）的程序。这个程序能够证明《数学原理》中前 52 个定理中的 38 个，其中某些证明比原著更加新颖和精巧。西蒙认为，他们已经"解决了神秘的心／身问题，解释了物质构成的系统如何获得心灵的性质"。

1956 年夏天，约翰·麦卡锡（J. McCarthy）、马文·明斯基（M. L. Minsky）、克劳德·香农（C. E. Shannon）和内森·罗彻斯特（Nathan Rochester）4 位科学家发起了达特茅斯夏季人工智能研究计划（Dartmouth Summer Research Project on Artificial Intelligence），召集志同道合的人共同讨论"如何用机器模拟人的智能"的问题。阿瑟·塞缪尔、艾伦·纽厄尔、赫伯特·西蒙等 10 多位科学家应邀参加了本次研讨会（图 1-2）。

图 1-2　1956 年参加达特茅斯会议的人工智能学科创始学者

在本次达特茅斯会议上，大家对使用麦卡锡提出的"人工智能"（artificial intelligence，AI）一词作为本领域的名称达成了一致，宣告了人工智能学科的正式诞生。

## 第二节　人工智能的曲折发展历程

### 一、自由探索的黄金时期：20 世纪 50 年代中期—60 年代末期

达特茅斯会议之后的数年是 AI 大发现的时代。对许多人而言，这一阶段开发出的程序堪称神奇：计算机可以解决代数应用题，证明几何定理，学习和使用英语。1957 年，弗兰克·罗森布拉特（Frank Rossenblatt）基于神经感知科学背景提出了一个新的模型，并基于这个模型设计出了第一个计算机神经网络——感知机（the perceptron），它模拟了人脑的运作方式。这在当时是一个非常令人兴奋的发现。AI 研究的一个重要目标是使计算机能够通过自然语言进行交流。1966 年，美国麻省理工学院的约瑟夫·维森鲍姆（Joseph Weizenbaum）开发了第一个聊天机器人 ELIZA，成为当时最有趣的会说英语的程序（图 1-3）。与 ELIZA "聊天" 的用户有时会误以为自己是在和人类交谈，而不是和一个计算机程序。20 世纪 60 年代后期，麻省理工学院 AI 实验室的马文·明斯基和西摩尔·派普特建议 AI 研究者们专注于被称为 "微世界" 的简单场景。"积木世界" 就是一个典型的微世界场景，其包括一个平面，上面摆放着一些不同形状、尺寸和颜色的积木。明斯基和派普特制作了一个会搭积木的机器臂，从而将 "积木世界" 变为现实。

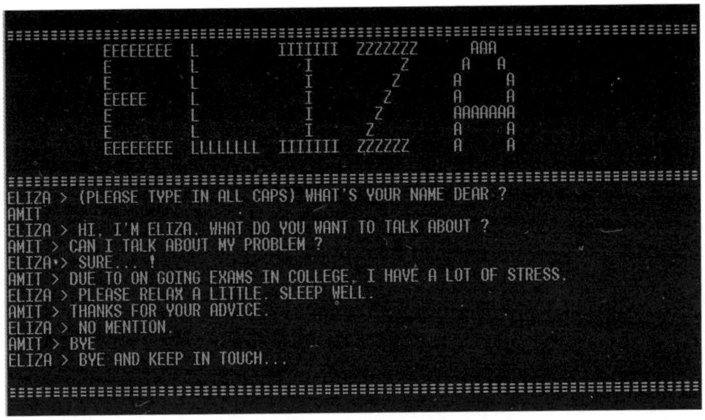

图 1-3　ELIZA 聊天机器人

当时大多数人几乎无法相信机器能够如此"智能"。研究者们在私下的交流和公开发表的论文中表现出相当乐观的情绪。1958 年，艾伦·纽厄尔和赫伯特·西蒙预言："10 年之内，数字计算机将成为国际象棋世界冠军；10 年之内，数字计算机将发现并证明一个重要的数学定理；20 年内，机器将能完成人能做到的一切工作。"马文·明斯基则预言："一代之内……创造'人工智能'的问题将获得实质上的解决。"

美国国防部高级研究计划局（DARPA）等政府机构也纷纷向这一新兴领域投入了大笔资金，并且允许研究者去做任何感兴趣的方向。1963 年，DARPA 为麻省理工学院的明斯基和麦肯锡等人提供了 220 万美元的经费用于人工智能的研究，此后每年提供 300 万美元，直到 20 世纪 70 年代为止。DARPA 还为卡内基梅隆大学的艾伦·纽厄尔和赫伯特·西蒙团队，以及斯坦福大学和爱丁堡大学的 AI 项目提供研究经费。因此，这 4 个研究机构一直是美国 AI 学术研究的中心。

## 二、AI 的第一次寒冬：20 世纪 70 年代

进入 20 世纪 70 年代，AI 研究遭遇了发展瓶颈。虽然这个时期温斯顿

（Winston）的结构学习系统和海斯·罗思（Hayes Roth）等的基于逻辑的归纳学习系统取得了一些进展，但只能学习单一概念，而且未能投入实际应用。此外，神经网络学习机因理论缺陷未能达到预期效果而转入低潮。事实上，这个时期整个 AI 领域都遭遇了瓶颈。即使是最杰出的 AI 程序也只能解决它们尝试解决的问题中最简单的一部分，也就是说，所有的 AI 程序都只是"玩具"。AI 研究者们遭遇了无法克服的基础性障碍，主要表现在以下几个方面。

### 1. 计算机的运算能力不足

当时的计算机有限的内存和处理速度不足以解决任何实际的 AI 问题。例如，罗斯·奎利恩（Ross Quillian）在自然语言方面的研究结果只能用一个含有 20 个单词的词汇表进行演示，因为内存只能容纳这么多。1976 年，汉斯·莫拉维克指出，计算机离智能的要求还差上百万倍。他做了个类比：人工智能需要强大的计算能力，就像飞机需要大功率动力一样，低于一个门限时是无法实现的；但是随着能力的提升，问题逐渐会变得简单。

### 2. 计算复杂性和指数爆炸

1972 年，理查德·卡普根据史提芬·古克于 1971 年提出的 Cook-Levin 理论证明，许多问题只可能在指数时间内获解，即计算时间与输入规模的幂成正比。除了那些最简单的情况，这些问题的解决需要近乎无限长的时间。这就意味着 AI 中的许多"玩具程序"恐怕永远也不会发展为实用的系统。

### 3. 常识与推理难题

许多重要的 AI 应用，如机器视觉和自然语言，都需要大量对世界的认识信息。程序应该知道它在看什么，或者在说些什么。这要求程序对这个世界具有儿童水平的认识，但是，研究者们很快发现这个要求太高了。1970 年没人能够做出如此巨大的数据库，也没人知道一个程序怎样才能学到如此丰富的信息。

### 4. 莫拉维克悖论

证明定理和解决几何问题对计算机而言相对容易，而一些看似简单的任务，如人脸识别或穿过屋子，实现起来却极端困难。这反映了研究人员对 20 世纪 70

年代中期机器视觉和机器人方面进展缓慢的困惑不解（图1-4）。

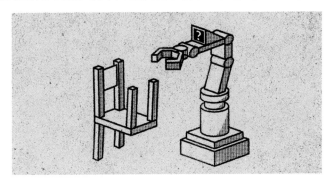

图 1-4　莫拉维克悖论

### 5. 框架和资格问题

采取逻辑观点的 AI 研究者们发现，如果不对逻辑的结构进行调整，他们就无法对常见的涉及自动规划的推理进行表达。为解决这一问题，他们发展了新逻辑学，如非单调逻辑（non-monotonic logics）和模态逻辑（modal logics）。

此前 AI 学者过于乐观的判断使人们期望过高，当承诺无法兑现时，对 AI 的资助自然也就缩减或取消了。自动语言处理顾问委员会（ALPAC）在 1966 年的一份报告中就批评机器翻译进展缓慢；美国国家科学研究委员会（NRC）在拨款 2000 万美元后停止了对 AI 项目的资助；1973 年，詹姆斯·莱特希尔针对英国 AI 研究状况的报告批评了 AI 在实现其"宏伟目标"上的完全失败，并导致了英国 AI 研究的低潮；DARPA 则对卡内基梅隆大学的语音理解研究项目深感失望，从而取消了每年 300 万美元的资助；到 1974 年已经很难再找到对 AI 项目的资助。

## 三、AI 应用的初步突破：20 世纪 80 年代

20 世纪 80 年代初期，一种名为"专家系统"的 AI 程序开始为全世界的公司所采纳，而"知识处理"成为主流 AI 研究的焦点。专家系统是 20 世纪 70 年代以来 AI 研究的一个新方向，其能够依据一组从专门知识中推演出的逻辑规则

在某一特定领域回答或解决问题（图 1-5）。1980 年，卡内基梅隆大学为数字设备公司（DEC）设计了一个用于计算机销售过程中为顾客自动配置零部件的专家系统 XCON。XCON 是第一个投入商用的 AI 专家系统，也是当时最成功的一款。据统计，在 1986 年之前，XCON 每年可以为 DEC 公司省下 4000 万美元。20 世纪 80 年代，几乎一半的"财富 500 强"公司都在开发或使用"专家系统"，到 1985 年，它们已在 AI 上投入 10 亿美元以上，大部分用于公司内设的 AI 部门。为之提供支持的产业应运而生，其中包括 Symbolics、Lisp Machines 等硬件公司和 IntelliCorp、Aion 等软件公司。专家系统仅限于一个很小的知识领域，从而避免了常识问题；其简单的设计又使它能够较为容易地编程，实现或修改。专家系统在医疗、化学、地质等领域取得的成功，证明了这类程序的实用性。

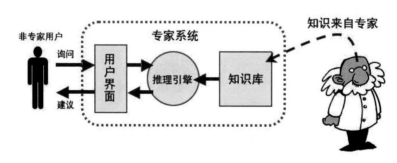

**图 1-5　人工智能专家系统**

20 世纪 80 年代，另一个令人振奋的事件是人工神经网络研究重获新生，深度学习开始起步。1984 年，美国普林斯顿大学教授，物理学家、分子生物学家和神经学家约翰·霍普菲尔德（John Hopfield）用模拟集成电路实现了自己 2 年前提出的神经网络模型，这个模型带动了神经网络学派的复兴。同年，深度学习"三巨头"辛顿（Geoffrey Hinton）、本吉奥（Yoshua Bengio）和杨立昆（Yann LeCun）发表反向传播算法论文，开启了深度学习的潮流。罗德尼·布鲁克斯（Rodney A. Brooks）认为，AI 停滞不前是因为研究人员过于关注函数表达式，并提出更高层次的 AI 系统设想：在与环境互动的基础上打造人工智能。那年，卡梅隆导演的大片《终结者》上映。

## 四、AI 的第二次寒冬：20 世纪 80 年代末期—90 年代中后期

"AI 寒冬"一词是由那些经历过 20 世纪 70 年代经费大幅削减的 AI 研究者创造出来的。他们注意到了人们对专家系统的狂热追捧，预言不久后人们将再次失望。事实被他们不幸言中：从 20 世纪 80 年代末到 90 年代初，随着人工智能的应用规模不断扩大，专家系统存在的应用领域狭窄、缺乏常识性知识、知识获取困难、推理方法单一、缺乏分布式功能、难以与现有数据库兼容等问题逐渐暴露出来。

Apple 和 IBM 公司生产的台式机性能不断提升，到 1987 年，其性能已经超过了 Symbolics 和其他厂家生产的昂贵的 Lisp 工作站（一种被设计用来高效运行以 Lisp 语言为主要软件开发语言的计算机）。老产品失去了存在的意义，一夜之间这个价值 5 亿美元的产业土崩瓦解。XCON 等最初大获成功的专家系统维护费用居高不下，难以升级，成了已经暴露出的各种问题的牺牲品。对于专家系统潜力的过高希望彻底掩盖了它本身的局限性，包括明显缺乏常识、难以捕捉专家的隐性知识、建造和维护大型系统的复杂性和成本，当这一点被越来越多的人所认识到时，人工智能研究再一次脱离了轨道。截至 1993 年年底，已有 300 多家 AI 公司倒闭、破产或被收购，被迫结束了人工智能的第一次商业浪潮。

20 世纪 90 年代，人工智能领域的技术成果始终处于低潮，成果寥寥。20 世纪 90 年代后期，人工智能与机器人和人机界面结合，产生了具有情感和情绪的智能代理，情绪／情感计算得以迅速发展，尤其是聊天机器人。1993 年，维诺尔·温奇发表《即将来临的技术奇点》（*The Coming Technological Singularity*），预言 30 年后人类将能够创造具有超级智慧的机器，由此走上人类终结之路。虽然这个说法得到了著名物理学家斯蒂芬·霍金的支持，但对于

这个奇点究竟是否存在目前仍有不同看法。1997年，IBM的深蓝超级计算机击败世界象棋冠军卡斯帕洛夫，西蒙在1958年的预言终于实现了，尽管时间上晚了近40年（图1-6）。

图1-6　IBM深蓝对战世界象棋冠军卡斯帕洛夫

## 五、人工智能的第三次浪潮：21世纪初至今

进入21世纪，随着芯片、大数据、云计算、深度学习等技术的进步，人工智能的发展出现了显著的复苏趋势。

首先，在摩尔定律的作用下，计算机的计算能力不断增长，特别是近年来云计算的出现使成本低廉的大规模并行计算得以实现。从概念上讲，可以把云计算看成"存储云 + 计算云"的有机结合。存储云的基础技术是分布存储，而计算云的基础技术正是并行计算：将大型的计算任务拆分，然后再派发到云中的各个节点进行分布式的计算，最终再将结果收集后统一处理。在云计算环境下，所有的计算资源都能够动态地从硬件基础架构上增减，以适应工作任务的需求。云计算基础架构的本质是通过整合、共享和动态的硬件设备供应来实现IT投资的利用率最大化，这就使得使用云计算的单位成本大大降低，非常有利于人工智能的商业化运营。大规模并行计算能力的实现使得人工智能向前迈进了一大步。

值得特别指出的是，近年来基于 GPU（图形处理器）的云计算异军突起，以远超 CPU 的并行计算能力获得业界瞩目。CPU 和 GPU 架构差异很大，CPU 功能模块很多，能适应复杂运算环境；GPU 构成则相对简单，目前流处理器和显存控制器占据了绝大部分晶体管。CPU 的架构有利于 X86 指令集的串行架构，从设计思路上适合尽可能快地完成一个任务；对于 GPU 来说，它最初的任务是在屏幕上合成显示数百万个像素的图像——也就是同时拥有几百万个任务需要并行处理，因此，GPU 被设计成可并行处理很多任务，天然具备了执行大规模并行计算的优势。

GPU 的这一优势被发现后，迅速承载起比之前的图形处理更重要的使命：被用于人工智能的神经网络，使得神经网络能容纳上亿个节点间的连接。传统的 CPU 集群需要数周才能计算出拥有 1 亿节点的神经网的级联可能性，而一个 GPU 集群在一天内就可完成同一任务，效率得到了极大的提升。另外，GPU 随着大规模生产带来了价格下降，使其更能得到广泛的商业化应用。

其次，大数据训练可以有效提高人工智能水平。机器学习是人工智能的核心和基础，是使计算机具有智能的根本途径。过去机器学习的研究重点一直放在算法的改进上，但最近的研究表明，采用更大容量数据集进行训练带来的性能提升超过选用算法带来的提升。例如，将照片中的马赛克区域用与背景相匹配的某些东西来填补，从一组照片中搜索填补物的话，如果只用 1 万张照片，则效果很差，如果照片数量增加到 200 万张时，同样的算法会表现出极好的性能。

得益于互联网、社交媒体、移动设备和廉价的传感器，我们已经进入大数据时代，来自全球的海量数据为人工智能的发展提供了良好的条件。美国互联网数据中心指出，互联网上的数据每年将增长 50%，而世界上 90% 以上的数据是最近几年才产生的。此外，数据又并非单纯指人们在互联网上发布的信息，全世界的工业设备、汽车、电表上有着无数的数码传感器，随时测量和传递着有关位置、运动、震动、温度、湿度乃至空气中化学物质的变化，也产生了海量的数据信息。因此，除了互联网外，大数据的爆发很大程度上还来自传感器技术和产品的突飞猛进。人类在制造数据和搜集数据的量级和速度上将呈现几何级数的爆发式增长。未来，随着互联网应用的进一步扩展，以及传感器不断融入人类生活工作的方方面面，数据产生、搜集的速度和量级将不断加速，人工智能的发展速度也将加快。

最后，2006 年，机器学习领域的泰斗杰弗里·辛顿（Geoffrey Hinton）和他的学生鲁斯兰·萨拉赫丁诺夫（Ruslan Salakhutdinov）在顶尖学术刊物 Science 上发表了一篇文章，提出了神经网络 deep learning 算法，使得机器学习有了突破性的进展，极大地推动了人工智能水平的提升。2013 年，《麻省理工技术评论》把它列入年度十大技术突破之一。

机器学习可以分为两个部分：浅层学习(shallow learning)和深度学习(deep learning)。浅层学习起源于 20 世纪早期人工神经网络的反向传播算法（back-propagation）的发明，使得基于统计的机器学习算法大行其道，虽然这时候的人工神经网络算法也被称为多层感知机（multiple layer Perception），但由于多层网络训练困难，通常都是只有一层隐含层的浅层模型。2006 年，辛顿和萨拉赫丁诺夫则向人们证明：很多隐层的人工神经网络具有优异的特征学习能力，学习得到的特征对数据有更本质的刻画，从而有利于可视化或分类；深度神经网络在训练上的难度可以通过"逐层初始化"（layer-wise pre-training）来有效克服。深度学习可以让那些拥有多个处理层的计算模型来学习具有多层次抽象的数据的表示（图 1-7）。

"深度学习"是机器学习研究中一个新的领域，它模拟人类大脑神经网络的工作原理，将输出的信号通过多层处理，将底层特征抽象为高层类别，它的目标是更有效率、更精确地处理信息。深度学习使得人工智能在几个主要领域都获得了突破性进展：在语音识别领域，深度学习用深层模型替换声学模型中的混合高斯模型（Gaussian Mixture Model，GMM），获得了相对 30% 左右

的错误率降低；在图像识别领域，通过构造深度卷积神经网络（CNN），将
Top 5 错误率由 26% 大幅降低至 15%，又通过加大加深网络结构，进一步降低
到 11%；在自然语言处理领域，深度学习基本获得了与其他方法水平相当的结果，
但可以免去烦琐的特征提取步骤。可以说，到目前为止，深度学习是最接近人
类大脑的智能学习方法，引爆了一场新的革命，将人工智能带上了一个新的台阶。

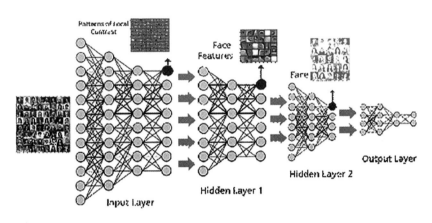

图 1-7 深度学习原理示意

因此，随着互联网、大数据、云计算等信息技术的发展，泛在感知数据和
图形处理器等计算平台推动以深度神经网络为代表的人工智能技术飞速发展，
大幅跨越了科学与应用之间的"技术鸿沟"，诸如图像分类、语音识别、知识
问答、人机对弈、无人驾驶等人工智能技术实现了从"不能用、不好用"到"可
以用"的技术突破，迎来爆发式增长的第三次浪潮。

## 第三节　人工智能发展进入新阶段

纵观世界科技发展史，许多技术在第一阶段发展缓慢，长时间感受不到升级。
甚至，通常会与直线型增长预期有偏差。直到第二阶段，突然在某个时间点上

出现快速发展，一下子追上直线型增长水平。而当万事俱备之际，第三阶段将会迅猛发展，无限接近垂直型增长——眼前的新一代人工智能亦是如此(图1-8)。

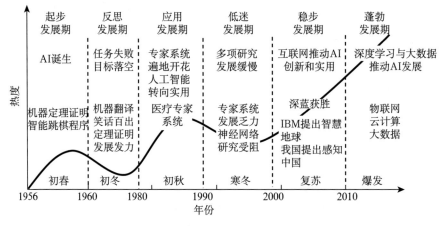

**图1-8 人工智能60年发展历程**

经过60多年的演进，特别是在移动互联网、大数据、超级计算、传感网、脑科学等新理论、新技术，以及经济社会发展强烈需求的共同驱动下，人工智能加速发展，呈现深度学习、跨界融合、人机协同、群智开放、自主操控等新特征。大数据驱动知识学习、跨媒体协同处理、人机协同增强智能、群体集成智能、自主智能系统成为人工智能的发展重点，受脑科学研究成果启发的类脑智能蓄势待发，芯片化、硬件化、平台化趋势更加明显，人工智能发展进入了新阶段。新一代人工智能将从计算机模拟人的智能到人机智能，再到群体智能等。

在基础理论突破、信息环境支撑、经济社会需求拉动的共同作用下，新一代人工智能呈现加速突破、应用驱动的新趋势，正在深刻影响甚至可能从根本上改变科技、经济、社会和国家安全格局，主要表现在以下几个方面。

一是在智能水平上，感知智能日益成熟，认知智能持续突破。语音识别、人脸识别等感知智能技术在识别精度上已经赶上甚至超过人类水平，旷视科技(Face++)人脸识别技术准确率达到99.5%，超过人类肉眼97.52%的水平。在图像内容理解、语义理解、情感计算等认知智能领域也开始出现新突破，IBM

的"沃森"（Watson）认知系统学习综合了大量医疗专家的经验和知识，可实施针对性的精准诊疗，同时也可提供低成本远程医疗方案，其提出的乳腺癌治疗方案与专家的一致率达到93%。与AlphaGo利用人类已有的棋谱训练不同，Alpha Zero不再需要人为积累棋谱数据，而由自主学习生成对弈策略。谷歌发布BERT模型，在机器阅读理解顶级水平测试（SQuAD）中全面超越人类，并在11种不同自然语言处理（NLP）测试中创造了最佳成绩。

二是在技术路线上，数据智能成为主流，类脑智能蓄势待发，量子智能加快孕育。大数据基础上的人工智能成为当前最突出的特点，大数据＋深度学习的主流智能计算范式已经形成，但距实现强人工智能还有很大距离。然而，智能为用、学习为魂、机器为体，目前人工智能的硬件基础是经典计算机，计算能力依然受限，机器学习算法仍然没有突破基于数理统计的框架，如果这个"体"和"魂"彻底更换，可能为强人工智能的实现带来新的机会。其中一条可能的技术路线是类脑计算，其基本理念是构造逼近生物神经网络的电子神经系统，再通过训练与交互实现更强的人工智能乃至强人工智能。2014年，IBM公司发布类脑芯片，谷歌神经图灵机也实现了模拟大脑神经元运行机制的"记忆计算机"，德国海德堡大学的神经形态芯片预计2022年实现人类大脑的实时模拟。第二条可能的技术路线是量子计算机。量子芯片、量子智能模型和算法、高效精确自主的量子人工智能系统架构，都可能从根本上影响人工智能技术的走向。当然，这些都需要新机器学习算法的突破。

三是在智能形态上，人机融合成为重要方向。人工智能正在朝着与人类更加融合互动的方向发展，涌现几类新的智能形态：第一类，从当前的大数据驱动转向数据和知识共同驱动的方式；第二类，从处理单一数据，如视觉、听觉、文字等，迈向跨媒体认知、学习和推理；第三类，从追求"智能机器"走向人机协同的混合型增强智能；第四类，从聚焦研究"个体智能"到基于互联网络的群体智能；第五类，将研究机器人的理念转向更加广阔的智能自主系统。同时，人工智能软硬件结合、芯片化、硬件化的趋势也日益明显。

四是人工智能应用驱动加速推进,经济社会巨大潜力逐步凸显。这一轮的人工智能广泛应用,企业特别是龙头领军企业发挥了重要的引领推动作用。全球人工智能领军企业相继推出了自己的开源平台,以模型创新为源头,以代码、数据、基准测试和计算架构开源为途径,逐渐形成了芯片、新型体系结构、智能操作系统和认知计算平台。受益于手机开源软件 Android,谷歌开源了机器学习框架系统 TensorFlow,给全球从事深度学习的开发者提供了开源平台,目前,全世界超过 50% 的人工智能开发者都在使用这个平台。亚马逊、微软、IBM、Facebook 也开放了各自的深度学习平台,我国的百度等领军企业也有一批机器学习平台快速发展。这些领军企业带动了一大批人工智能中小企业的发展,正在重新定义所有产业,带来全局性、颠覆性的影响。劳动生产率有望大幅提升,据埃森哲国际咨询公司研究,人工智能将在现有基础上提高劳动生产率 40%。许多行业的运营和研发成本将显著降低。例如,人工智能应用于药物研发,将有望降低 200 亿美元以上研发成本。新产品和新服务加速进入市场,如谷歌自动驾驶汽车已在公路上行驶突破 1600 万千米,到 2025 年全球自动驾驶汽车产值有望超过 2000 亿美元。总体经济规模将持续扩大,麦肯锡公司认为,到 2030 年,人工智能将使全球 GDP 每年增加约 1.2%,新增经济总量 13 万亿美元。

五是人工智能的社会属性日益凸显,面临安全风险与社会治理新挑战。最严峻的挑战是国家安全与个人隐私。美国兰德公司发布报告认为,人工智能可能成为新的战略威胁力量,颠覆核威慑战略的基础。2017 年,联合国介绍了一个小型机器人,只要把目标图像信息输入,就可能像手术刀般精准找到打击对象。自动驾驶汽车、智能机器人等也可能遭黑客入侵,从服务人类的工具变为杀人机器,威胁人类社会安全。智能金融系统高频交易和量化交易的偏差,可能会使证券和期货市场产生巨大的非正常波动,影响金融和经济安全。黑客对智能系统的攻击可能对个人隐私、生命财产和社会稳定造成危害。

　　最直接的影响是冲击就业结构。简单性、重复性、危险性的工作将被大幅替代，新的就业机会不断出现。据世界经济论坛研究，未来 5 年 7500 万份工作将被机器替代，同时产生 1.33 亿个新的工作岗位，净增工作岗位 5800 万个。

　　最深远的冲击是影响社会伦理关系。智能手机和智能娱乐的快速发展，虚拟现实和增强现实技术的普及应用，智能助手、情感陪护机器人、人机混合体等的渗透，可能深刻改变传统的人际关系、家庭理念、道德观念等。

# 第二章 ●···

# 发展所需

我国经济已由高速增长阶段转向高质量发展阶段，正处在转变发展方式、优化经济结构、转换增长动力的攻关期，迫切需要新一代人工智能等重大创新添薪续力。

——2018年10月31日习近平总书记
在十九届中央政治局第九次集体学习时的讲话

## 第一节  促进经济增长的新动能

《美国增长的起落》的作者、美国经济学家罗伯特·戈登（Robert Gordon）通过分析1870—2015年美国经济的数据发现：在1870—1970年的100年里，内燃机、电力、电灯、室内管道、汽车、电话、飞机、空调、电视等一系列伟大发明和后续的增量式创新显著地推动了美国经济的高速增长。然而，1970年之后的经济增长，既让人眼花缭乱，又令人无比失望。因为，1970年之后人类的主要创新基本都集中在计算机和智能手机上，像过去那样"伟大发明"层出不穷的局面很难再现了。在戈登看来，计算机革命其实是被高估了。用诺贝尔经济学奖得主索洛提出的，衡量创新和技术进步的标准"全要素生产率"（TFP）来衡量的话，1970年之后全要素生产率的增速，几乎只有1920—1970

年相应增速的 1/3。因此，索洛曾经说过一句话："我们随处可见计算机时代，但就是在生产率的统计数据中看不到。"以至于罗伯特·戈登悲观地预计未来 25 年的生产率增长都将延续 2004 年以来的迟滞步伐。

但埃森哲公司的马克·普尔蒂（Mark Purdy）、保罗·多尔蒂（Paul Daugherty）认为，人工智能将彻底改变这一局面。他们认为，人工智能不是一种单纯的生产力增强工具，而是一种全新的生产要素，它将从根本上转变经济增长方式（图 2-1）。

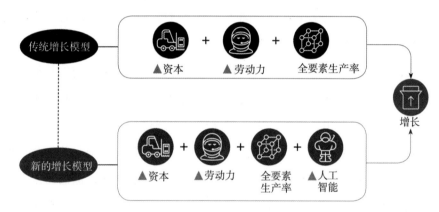

注：▲表示该要素有所变化。

**图 2-1　埃森哲经济增长模型**

资料来源：埃森哲，《人工智能改写经济增长模型》。

传统上，资本和劳动力是推动经济增长的"生产要素"。当资本或劳动力总量增加，或是当它们被更有效利用时，经济便会出现增长。但现在，经济领域创新和技术变革所带动的增长也已体现在了全要素生产率当中。经济学家一直认为，新技术通过提高全要素生产率促进增长。迄今为止看到的各项技术都发挥了这样的作用。20 世纪出现的一系列重大技术突破——电力、铁路和信息技术，虽然显著提高了生产率，但却未能创造全新的劳动力。

而今天，我们正目睹另一类变革性技术的崛起——人工智能。麻省理工学院经济学教授大卫·奥托（David Autor）认为："通常人们都认为，人工智能通过替代人类来促进增长；但实际上，其巨大的价值将来自所支持的新型产品、服务及创新。"随着人工智能成为新的生产要素，它将在以下几个方面促进增长。

第一，人工智能可以创造一种新的虚拟劳动力，即"智能自动化"。在人工智能的助推下，新的智能自动化浪潮正通过一系列有别于传统的自动化解决方案创造着显著增长。它们能够自动执行实体环境中需要适应性和敏捷性的复杂任务。例如，在仓库中拣选物品，企业一直在依靠员工的能力，穿行于拥挤空间并避开移动的障碍物。Fetch Robotics 公司出品的机器人利用激光和 3D 距离感应器，安全地在仓库中穿梭，同工人并肩协作。通过与人配合，机器人可以搬运典型仓库中的绝大多数物品。

第二，人工智能可以补充和提高现有劳动力和实物资本的技能与能力，对经济增长而言，人工智能的显著作用并非体现为取代现有劳动力和资本，而是使其得到更有效的利用。另外，人工智能还可以通过补充人类能力、为员工提供增强其自然智力的新工具，从而扩充劳动力资源。补充和增强传统生产要素的作用，恰恰是人工智能真正的潜能所在。例如，在酒店业，酒店员工花费大量时间例行配送房间用品。而 Savioke 公司开发了一款服务行业自动化的机器人 Relay。2016 年，Relay 完成了超过 11 000 次客房用品递送服务。Savioke 首席执行官史蒂夫·库辛（Steve Cousins）表示："Relay 的加盟使员工能够更专注于最能发挥增值作用的工作，用更多时间来提高客户满意度。"

第三，人工智能可以推动经济中的创新。借助人工智能，各经济体不但可以改变生产方式，更可以收获全新的成果。例如，无人驾驶汽车为了感知周围环境并采取相应行动，需要依靠激光雷达、全球定位系统、微波雷达、摄像机、计算机视觉和机器学习算法等诸多技术的组合。因此，该市场不仅吸引了硅谷的技术企业，连传统机构也在通过组建新的合作伙伴关系推动创新。例如，宝马正在与中国互联网搜索巨头百度合作；福特汽车则同麻省理工学院和斯坦福大学结为联盟。随着创新触发链式反应，无人驾驶汽车对经济的潜在影响最终将远远超出汽车行业。

　　埃森哲公司通过分析 12 个发达经济体发现：到 2035 年，人工智能有潜力将这些国家的经济年增长率提升 1 倍，显著扭转近年来的下滑趋势。从绝对值看，人工智能对美国经济的贡献最大，其增长率将从 2017 年的 2.6% 攀升至 2035 年的 4.6%。而这意味着，2035 年额外实现 8.3 万亿美元的总增加值——相当于当前日本、德国和瑞典的经济总增加值之和。对于英国，人工智能将额外为其带来 8140 亿美元的经济总增加值，使 2035 年经济增速从 2017 年的 2.5% 上升到 3.9%。在日本，2035 年的预期经济增速将从 2017 年的 0.8% 快速跃升至 2.7%，从而带来 2.1 万亿美元的经济总增加值。而在德国，人工智能可以在 2035 年为其额外贡献 1.1 万亿美元的经济总增加值。对于这些国家而言，人工智能有潜力将其 2035 年的劳动生产率最高提升 40%（图 2-2）。

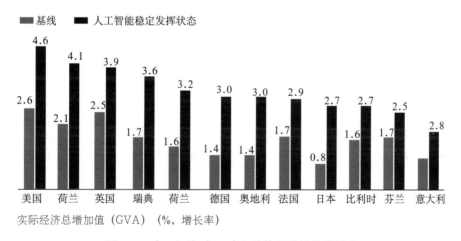

实际经济总增加值（GVA）（%，增长率）

**图 2-2　人工智能对 12 个经济体经济增长的影响**

资料来源：埃森哲，《人工智能改写经济增长模型》。

　　2019 年 3 月 5 日，第十三届全国人民代表大会第二次会议在人民大会堂开幕，国务院总理李克强向大会作政府工作报告。李克强总理在报告中明确提出："推动传统产业改造提升。围绕推动制造业高质量发展，强化工业基础和技术创新能力，促进先进制造业和现代服务业融合发展，加快建设制造强国。打造工业互联网平台，拓展'智能＋'，为制造业转型升级赋能。促进新兴产业加快发展。深化大数据、人工智能等研发应用，培育新一代信息技术、高端装备、生物医药、新能源汽车、新材料等新兴产业集群，壮大数字经济。"

人工智能连续第 3 年出现在政府工作报告中，而且相比 2017 年、2018 年的"加快人工智能等技术研发和转化""加强新一代人工智能研发应用"，2019 年政府工作报告中使用的是"深化大数据、人工智能等研发应用"表述方式。从"加快""加强"到"深化"，证明人工智能将快速发展，成为促进新兴产业加快发展的新动能。

加快培育具有重大引领带动作用的人工智能产业，促进人工智能与各产业领域深度融合，形成数据驱动、人机协同、跨界融合、共创分享的智能经济形态。数据和知识成为经济增长的第一要素，人机协同成为主流生产和服务方式，跨界融合成为重要经济模式，共创分享成为经济生态基本特征，个性化需求与定制成为消费新潮流，生产率大幅提升，引领产业向价值链高端迈进，有力支撑实体经济发展，全面提升经济发展质量和效益。

人工智能作为新一轮产业变革的核心驱动力，将进一步释放历次科技革命和产业变革积蓄的巨大能量，并创造新的强大引擎，重构生产、分配、交换、消费等经济活动各环节，形成从宏观到微观各领域的智能化新需求，催生新技术、新产品、新产业、新业态、新模式，引发经济结构重大变革，深刻改变人类生产生活方式和思维模式，实现社会生产力的整体跃升。我国经济发展进入新常态，深化供给侧结构性改革任务非常艰巨，必须加快人工智能深度应用，培育壮大人工智能产业，为我国经济发展注入新动能。

## 第二节 建设智慧社会的新工具

第二次世界大战以后，日本以追赶欧美为目标，以"引进先进技术→进行技术改进和工艺创新→推动产业结构升级→在国际分工中占据有利位置→利用国际贸易为国家创造财富"作为发展路径，实现了经济高速增长，成功跨越中等收入陷阱，迈入发达国家行列。但20世纪90年代以来，随着泡沫经济破灭，投资机会减少，加之出生率降低、老龄化加快，导致劳动力供给下降，国内市场收缩，经济活力衰退，日本经济陷入长期低迷。目前，日本是发达国家中老龄化程度最严重的国家之一，已经步入超老龄化社会。根据日本总务省统计局2017年发布的《人口推计》，截至2016年12月1日，日本包含外国人在内的总人口同比减少0.13%，而65岁以上的人口为3467.1万人，同比增加1.99%，占总人口的比重高达27%。未来，日本的人口少子、老龄化问题有进一步加重的趋势。据日本国立社会保障与人口问题研究所的推算，到2030年，日本总人口将较目前减少1000万人以上，降至1.16亿人，而65岁以上的人口将占总人口的1/3，75岁以上的人口更是达到2000万人，届时医疗护理的费用将高达20万亿日元。随着适龄劳动人口的减少，日本国内消费低迷，经济活力消减，税源收缩，养老、医疗、护理等社会保障开支剧增，日本政府的财政压力因此迅速增大。

当前，物联网、机器人、人工智能、生物医学、脑科学等领域的技术进步催生了新的产业和商业模式，拓展了产业体系的边界，将给人们的生活方式带来重大改变，这使得日本看到了新的机遇。日本意图抓住新科技革命和产业革命的机遇，在提高劳动生产率、重塑本国产业竞争优势的同时，利用智能化手段解决国内一系列困扰社会经济发展的难题。

2016年4月，日本政府发布了《第五期科学技术基本计划（2016—2020）》，提出日本不但要具备战略上抢先行动（前瞻性和战略性）、切实应对各种变化（多样性和灵活性）的能力，而且要在国际化、开放的创新体系中展开竞争与协调，构建最大限度发挥各创新主体能力的体制框架，以制造业为核心，灵活利用大数据、物联网等信息通信技术，在世界上率先构建能够实现经济发展与社会问题同步解决的新型社会经济形态——"超智慧社会"（图2-3）。

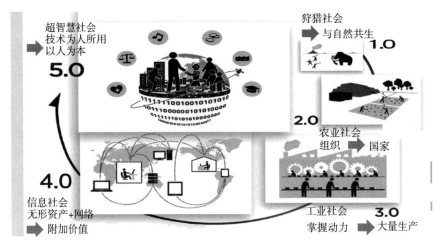

**图 2-3　人类社会发展历程**

资料来源：邱锦田，日本实现超智慧社会（社会 5.0）之科技创新策略。https://portal.stpi. narl.org.tw/index/article/10358

　　"超智慧社会"被认为是人类社会从狩猎社会、农业社会、工业社会、信息社会，到迈入第五阶段的社会 5.0 阶段，其主要特征是由通信技术和物联技术构成的智能系统为人类的生活提供支援。在"超智慧社会"中，网络空间与物理空间高度融合，物联网、大数据、人工智能、机器人和共享经济等高新技术将进入社会生活的各个领域，为了技术开发而收集的庞大数据还原于生活，在必要的时间为必要的人提供必要的物品、服务，精准地应对社会中的各种需求，超越年龄、性别、地域、语言等的差异，为所有人提供高质量服务，让包括老年人、残疾人等在内的社会弱势群体都能舒适、便捷地生活，从而挑战各种社会问题。日本政府把实现世界领先的"超智慧社会"作为其未来社会的发展目标，主张"超智慧社会"以科学技术创新为先导，不仅促进产业发展，还将与健康长寿、移动革命、新一代供应链、舒适型基础设施建设、金融技术相联系，进而促进社会变革。"超智慧社会"概念的最大亮点是与未来社会发展方向相关联，即运用信息技术和物联网技术，建立合理便捷的社会基础设施，提高生活的便捷性，创造新的社会价值。

　　当前，我国正处于全面建成小康社会的决胜阶段，人口老龄化、资源环境约束等挑战依然严峻。基于此，"智慧社会"被正式写进党的十九大报告中，与科技强国、质量强国、航天强国、网络强国、交通强国、数字中国并列。智慧社会是在网络强国、数字中国发展基础上的跃升，是对我国信息社会发展前景的前瞻性概括。建设智慧社会是要充分运用物联网、互联网、云计算、大数据、人工智能等新一代信息技术，以网络化、平台化、远程化等信息化方式提高全社会基本公共服务的覆盖面和均等化水平，构建立体化、全方位、广覆盖的社会信息服务体系，推动经济社会高质量发展，建设美好社会。

　　智慧社会建设的出发点和落脚点是满足民众的需要，提升民众的体验。充分利用互联网、云计算、大数据、人工智能等新一代信息技术，建立跨部门跨地区业务协同、共建共享的公共服务信息体系，有利于创新发展教育、就业、社保、养老、医疗和文化的服务模式。在智慧社会中，智慧医院、远程医疗深入发展，电子病历和健康档案普及应用，医疗大数据不断汇聚和深度利用，优质医疗资源自由流动，预约诊疗、诊间结算大幅减少人们看病挂号、缴费的等待时间，看病难、看病烦问题将得到有效缓解。具有随时看护、远程关爱等功能的智慧养老信息化服务体系为"银发族"的晚年生活提供温馨保障。公共就业信息服务平台实现就业信息全国联网，就业大数据为人们找到更好、更适合自己的工作提供全方位的支撑和帮助。围绕促进教育公平、提高教育质量和满足人们终身学习需求的智慧教育和智慧学习持续发展，教育信息化基础设施不断完善，充分利用信息化手段扩大优质教育资源覆盖面，有效推进优质教育资源共享。智慧文化促进数字图书馆、数字档案馆、数字博物馆等公益设施建设，为满足人民群众日益增长的文化需求提供坚实的保障。智慧旅游提供基于移动互联网的旅游服务系统和旅游管理信息平台，旅游大数据的应用为旅游服务转型升级带来新机遇。

　　创新社会治理方式，推进精细化社会治理是建设智慧社会的有力保障。在市场监管、环境监管、信用服务、应急保障、治安防控、公共安全等社会治理领域，通过新一代信息技术的应用，建立和完善相关信息服务体系，不断创新社会治理方式。构建全面设防、一体运作、精确定位、有效管控的社会治安防控体系，整合各类视频图像信息资源，推进公共安全视频联网应用，大幅提升社会安全水平。在食品药品、消费品安全等领域，具有溯源追查、社会监督等功能的市场监管信息服务体系不断完善。征信信息系统在整合信贷、纳税、履约、参保缴费和违法违纪等信用信息记录后不断完善，为建设诚信社会提供重要保障。建立环境信息智能分析系统、预警应急系统和环境质量管理公共服务系统，构建"天地一体化"的生态环境监测体系，对重点地区、重点企业和污染源实施智能化远程监测。

基础设施的智能化是建设智慧社会的重要基础。随着"宽带中国"建设的推进，城乡一体的宽带网络将不断完善，下一代互联网和广播电视网会不断发展，信息网络加速向宽带、移动、融合方向发展，固定通信移动化和移动通信宽带化成为趋势，5G（第五代移动通信网络）、NB-IoT（窄带物联网）等下一代网络技术不断演进，高速宽带无线通信实现全覆盖，千兆入户、万兆入企稳步实现，社会公共热点区域实现无线局域网全覆盖。信息网络逐步向人与物共享、无处不在的泛在网方向演进，信息网络智能化、泛在化和服务化的特征愈益明显。网络的无处不在催生了计算、软件、数据、连接的无处不在，从而为智慧社会打下坚实的基础。智慧交通能够实现交通引导、指挥控制、调度管理和应急处理的智能化，有效提升交通出行的高效性和便捷程度。智慧交通的深入发展将解决交通拥堵这一城市病，宽带网络支持下的汽车自动驾驶、无人驾驶将逐步推广使用，汽车被纳入互联网、车联网，智能汽车将成为仅次于智能手机的第二大移动智能终端。智能电网支持分布式能源接入，居民和企业用电实现个性化的智能管理。智慧水务覆盖供水全过程，运用水务大数据能够保障供水质量，实现供排水和污水处理的智能化。智能管网能够实现城市地下空间、地下管网的信息化管理、可视化运行。未来的城市，大量管廊地下藏，地下通道汽车穿梭忙，不会出现过去由于滞水而出现的"到城市去看海、到街上去捉鱼"现象。智能建筑广泛普及，城市公用设施、建筑等的智能化改造全面实现，建筑数据库等信息系统和服务平台不断完善，实现建筑的设备、节能、安全等的智慧化管控。智慧物流通过建设物流信息平台和仓储式物流平台枢纽，实现港口、航运、陆运等物流信息的开放共享和社会化应用。

"智慧社会"将是人类社会发展历程中的一次全方位、系统性变革,其发生规模、影响范围和复杂程度远超以往,将彻底改变人们的生产生活方式,重构个人、企业、政府、社会之间的互动关系,变革社会治理模式,给人类社会的发展走向带来持续且深远的影响。

## 第三节 保障国家安全的新力量

人工智能作为一项颠覆性技术,与核技术、生物技术一样具有两面性,不仅可以促进经济增长、社会进步,也有可能引发国家安全领域的风险与威胁。近年来,美国政府、国防部、各军兵种和智库先后发布了十多份有关人工智能技术的报告,对人工智能技术及相关产业未来发展进行了总体布局,明确了人工智能技术在国家安全领域的发展目标、发展重点和应具备的能力。这表明美国政府和军方已将人工智能技术上升到事关国家安全的战略高度来统筹考虑,重视程度可见一斑。

2017 年 7 月,美国哈佛大学肯尼迪政治学院发布了《人工智能与国家安全报告》(以下简称《报告》),从军事优势、信息优势和经济优势等事关国家安全的角度,全面、系统地审视人工智能技术的发展及影响,认为人工智能技术未来有可能与核、航空航天、网络和生物技术一样,成为引领未来发展、给国家安全带来深刻变化的颠覆性技术,其未来影响力至少可与核武器比肩,这必将对美国国家安全领域的战略、组织、优先事项和资源配置带来重大变革(图 2-4)。

图 2-4 《人工智能与国家安全报告》封面

《报告》指出，人工智能将通过变革军事优势影响国家安全：人工智能的发展将产生新的能力，将有更多的国家和非国家行为体能以经济高效的方式获取当前的人工智能能力。例如，人工智能催生的相关商业技术，可使弱国和非国家行为体获得远程精确打击能力。短期来看，人工智能的进步很可能会催生更多直接参与战斗的自动机器人，并加速有人作战模式向无人作战模式的转变。长期来看，这些能力将为军事领域带来革命性变化。例如，无人系统集群作战技术将改变作战样式；移动机器人携带简易爆炸装置，将使恐怖分子获得低成本恐怖袭击能力；网络武器将更频繁地用于作战；在军事系统中应用机器学习，将带来新型漏洞并催生新型网络攻击手段；人工智能网络武器一旦被盗或者非法复制，将被恶意使用等。

《报告》还指出，人工智能将通过变革信息优势影响国家安全：人工智能将大幅提升收集、分析及生成数据的能力。拥有先进人工智能分析系统的国家将拥有决定性的战略决策优势。对于情报工作而言，人工智能技术的发展意味着有越来越多的信息源可供分辨真相；相应地，制造的假情报将变得更加令人信服。未来由人工智能生成的伪造技术将挑战众多社会公众机构的信任基础。例如，人工智能可用来伪造国防部指令和政治声明，并在互联网上大肆传播；或用来模仿己方军事或情报官员，下令分享敏感信息或要求采取行动。

鉴于人工智能技术的重大战略价值，《报告》建议美国政府不能仅将其作为一项技术研究近期发展和应用问题，而应站在战略性、全局性的高度，思考人工智能技术的长期发展及其颠覆性影响，为人工智能技术发展提出国家目标和策略。

2017 年 12 月，特朗普政府执政后的首份《国家安全战略》就谈及人工智能，强调主要竞争对手正利用人工智能等技术威胁美国国家安全。2018 年 1 月，美国《国防战略》明确将人工智能描述为"将改变战争特征"并能够为包括非国家行为体在内的敌人提供日益复杂能力的重要技术，视其为美国核心能力现代化所需要的关键技术之一。2018 年 8 月，根据《2019 财年国防授权法》要求，美国正式组建人工智能国家安全委员会，使命是着眼于美国的竞争力、国家保持竞争力的方式和需要关注的"伦理问题"，审查人工智能、机器学习开发和相关技术的进展情况，全面满足美国国家安全和国防需要。该委员会具有三大职责：考察人工智能在军事应用中的风险及对国际法的影响；考察人工智能在国家安全和国防中的伦理道德问题；建立公开训练数据的标准，推动公开训练数据的共享。2019 年 1 月 18 日，美国人工智能国家安全委员会公布 15 名成员构成名单，由此，委员会成员已全部就位，将根据《2019 财年国防授权法》规定履行职责。人工智能国家安全委员会汇集了来自国防、学术界、技术公司、咨询公司和风投组织的顶级精英，致力于研究推动国家人工智能总体发展，破除人工智能标准、数据、技术、机制和伦理各领域发展障碍，为军民融合创新生态体系建设奠定基础，有效整合资源，形成合力，推动建立人工智能领域国家领先优势。

在中国共产党第十九次全国代表大会上，习近平总书记指出："国家安全是安邦定国的重要基石，维护国家安全是全国各族人民根本利益所在。"党的十八大以来，习近平同志敏锐洞察和深刻把握新形势下经济建设和国防建设协调发展规律，对军民融合发展做出一系列重要论述和重大决策。习近平总书记指出，军民融合是国家战略，关乎国家发展和安全全局，既是兴国之举，又是强军之策。深入贯彻军民融合发展战略，更好把国防和军队建设融入国家经济社会发展体系，是统一富国和强军两大目标，统筹发展和安全两件大事，统合经济和国防两种实力，促进国家发展、保障国家安全的可靠支撑。把军民融合发展上升为国家战略，是我们党长期探索经济建设和国防建设协调发展规律的重大成果，是从国家发展和安全全局出发做出的重大决策，是应对复杂安全威胁、赢得国家战略优势的重大举措。

因此，"加强人工智能领域军民融合"成为《新一代人工智能发展规划》（以下简称《规划》）部署的六大重点任务之一。《规划》提出：深入贯彻落实军民融合发展战略，推动形成全要素、多领域、高效益的人工智能军民融合格局。

以军民共享共用为导向部署新一代人工智能基础理论和关键共性技术研发，建立科研院所、高校、企业和军工单位的常态化沟通协调机制。促进人工智能技术军民双向转化，强化新一代人工智能技术对指挥决策、军事推演、国防装备等的有力支撑，引导国防领域人工智能科技成果向民用领域转化应用。鼓励优势民口科研力量参与国防领域人工智能重大科技创新任务，推动各类人工智能技术快速嵌入国防创新领域。加强军民人工智能技术通用标准体系建设，推进科技创新平台基地的统筹布局和开放共享。

# 第三章

# 战略必争

人工智能是引领这一轮科技革命和产业变革的战略性技术，具有溢出带动性很强的"头雁"效应。加快发展新一代人工智能是我们赢得全球科技竞争主动权的重要战略抓手，是推动我国科技跨越发展、产业优化升级、生产力整体跃升的重要战略资源。

——2018 年 10 月 31 日习近平总书记
在十九届中央政治局第九次集体学习时的讲话

自 2013 年以来，美、英、日等世界主要发达国家就率先开始制定推动人工智能发展的相关规划和政策，力图在新一轮国际科技竞争中掌握先发优势。2016 年以来，美、中、英、法等国相继制定发布人工智能国家战略，把发展人工智能作为提升国家竞争力、维护国家安全的重大战略机遇，人工智能成为国际竞争的新焦点（图 3-1）。2018 年之后，人工智能对科技、产业和军事变革的巨大潜力得到全球更加广泛的认同，各国人工智能战略布局进一步升级，人工智能正在从少数大国竞争走向全球布局的新格局。2018 年，有 12 个国家和地区发布或加强了其国家级人工智能战略计划，其中，美国推行一系列战略，旨在确保其全球人工智能持续领先；英、法、德、俄等欧洲国家争相加大投入，力争跻身全球领先行列；日、韩、印等亚洲国家同步跟进，加大技术、人才、应用等方面的投入；另有 11 个国家正在筹备制定其人工智能国家战略。

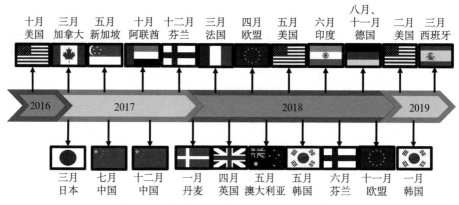

图 3-1 各国人工智能战略规划和政策情况

## 第一节 美国：保持全球 AI 领导地位

美国是全球人工智能研发实力最强的国家，也是最早将发展人工智能上升为国家战略的国家。奥巴马在其执政的最后时期高调宣布美国要全面发展人工智能，2016 年 10 月，美国《国家人工智能研发战略规划》和《为人工智能的未来做好准备》同步发布，随后奥巴马政府通过《人工智能、自动化与经济》报告，围绕人工智能驱动自动化带来劳动力市场变化的主题展开讨论，帮助公众消除疑虑等。

2017 年年初，特朗普总统上台之后，对奥巴马政府的人工智能发展战略进行了调整，消减了多个为人工智能研究提供支持的政府机构资金，但同时又计划加大国防预算中相关新兴技术的研发投入。2018 年，特朗普政府对人工智能发展的重视程度明显提升，并在国家战略、实施机制、研发投入、应用推广等方面突出强调人工智能发展的优先权。

2018 年 5 月，白宫召开了"美国人工智能产业峰会"，产业界、学术界和部分政府代表共同探讨人工智能发展潜力。特朗普提出，美国人工智能发展的重点在于营造人工智能研发生态、实施人才战略和劳动力培训计划，并消除创新障碍，促进行业应用等，以维持美国在人工智能领域的全球领导地位。

之后不久，联邦政府三大顶级组织分别采取行动以推动美国人工智能的发展。科学技术委员会之下设立了人工智能特别委员会（同时服从白宫科技政策办公室领导），旨在为白宫提供人工智能发展相关的决策建议，并搭建政府与产业界、学术界等方面的合作平台。委员会由整个联邦政府中最高级别研究部门的官员组成，初始成员主要来自国家标准与技术协会、商务部、国防部、能源部、国家自然科学基金委和美国国防高级研究计划局（DARPA）等，这样的设置有利于各部门结合各自优势，改善整个联邦政府在人工智能领域的投入。2018 年 6 月，国防部成立"人工智能联合中心"，以加快机器学习在情报和军事上的运用，作为人工智能项目的加速器，该中心将招募商业承包商开发军用软件和系统，并接管有争议的 Maven 项目。2018 年 11 月，《2019 财年国防授权法》批准成立人工智能国家安全委员会，要求该委员会采取必要的方法和手段，推动美国人工智能、机器学习和相关技术的发展，满足美国国家安全和国防需要。

2019 年 2 月 11 日，特朗普正式签署行政令启动美国人工智能倡议（The American AI Initiative）。特朗普提出，美国是人工智能研发与应用的全球领导者，持续保持这一领先地位将有利于美国促进经济繁荣，捍卫经济安全和国家安全，并引领全球人工智能发展。为此，特朗普提出 5 个"必须"基本原则：一是必须持续获得人工智能技术突破，这需要联邦政府、产业界和学术界共同努力；二是必须制定适当的技术标准，减少人工智能技术安全测试与部署中的壁垒，以便加快人工智能在各领域的应用，催生新的人工智能产业；三是必须培训劳动力，使他们具备开发和应用人工智能技术的能力，以便为经济与就业做好充分准备；四是必须提升公众对人工智能技术应用的信任度，保护公民自由、隐私和价值观，切实为国民带来福祉；五是必须营造一个有利于美国的国际环境，以促进美国人工智能研究与创新，促进美国人工智能产业占据更为广阔的国际市场，同时要确保美国人工智能技术优势，确保关键技术不被战略竞争对手和敌对国家获取。

为不断突破人工智能技术及相关技术，倡议中提出，联邦政府应确保对该领域持续性的研发投入。特朗普要求相关部门将人工智能技术作为研发预算的优先项，每个财政年度各部门都要向管理和预算办公室（OMB）和科技政策办公室（OSTP）上报人工智能研发预算总方案、研发计划及优先项目等信息。2018 年 2 月，在特朗普提出的 2019 财年研发预算草案中，"人工智能和高性能计算"居第 4 位，排在前 3 位的分别有"保护国土和网络安全""抵抗自然灾害""太空探索与商业化"。半年后的 8 月，特朗普提出 2020 财年研发预算备忘录时，已明确将人工智能提升至第 2 位，这一优先事项具体表述为"确保人工智能、量子信息科学和战略计算的领导力"，与此同时，在首位优先事项"保护国民安全"中，特朗普强调，为构建强大的并足以应对未来战争挑战的军事优势，必须优先向人工智能、自主系统、先进计算等领域进行投资。2018 年 9 月，DARPA 宣布未来 5 年将专门投入 20 亿美元，用于资助现有人工智能项目以外的"下一代人工智能"研发计划（AI Next Campaign）。比较来看，未来 5 年，仅 DARPA 这一家机构新增的人工智能研发投入，便超过了之前 5 年整个国防部在该领域的研发投入总额。

除了特朗普政府之外，美国国会两院也对人工智能极为关注，正在讨论多部着眼确立美国未来人工智能领导地位的法案，包括"人工智能未来法案""人工智能就业法案""人工智能报告法案"和"国家安全委员会人工智能法案"等。其中，"人工智能未来法案"如经国会通过，将成为美国有关人工智能的第一部联邦法律，重点涉及人工智能对经济发展、劳动就业、隐私保护等方面的影响，并为进一步开展具体行业立法奠定基础。

2017 年 12 月 12 日，美国国会提出两党法案"人工智能未来法案"。法案阐明了发展人工智能的必要性，对人工智能相关概念进行了梳理，提出由商务部设立联邦人工智能发展与应用咨询委员会（Federal Advisory Committee on the Development and Implementation of Artificial Intelligence，以下简称"AI咨询委员会"），该委员会主要职责包括：提供人工智能发展建议，从事人工智能相关主题研究，以及在法案颁布后540天内向商务部长和国会提交AI相关事项的研究报告，并对出台AI相关立法或行政措施提出建议。

AI咨询委员会应围绕以下主题提供有关人工智能发展的建议。

①促进投资和创新：提升美国在人工智能领域的竞争力，包括推动公共和私人在人工智能领域的投资及创新。

②劳动力：应用人工智能对劳动力市场的潜在影响及人工智能广泛应用导致失业后对工人的再培训等。

③教育：加大有关科学、技术、工程和数学等方面的教育，以应对雇主对劳动力供给的需求变化。

④伦理研究和培训：对人工智能领域技术人员进行伦理培训。

⑤数据开放：人工智能领域数据和研究的共享与开源。

⑥国际合作和竞争：与国际合作和竞争有关的事项，包括人工智能产业的国际竞争格局。

⑦法律责任和权利：有关法律责任和权利的事项，包括人工智能系统违反法律规定时的责任认定和国际规则的适用。

⑧算法歧视：偏离核心文化和社会准则的算法歧视相关事项。

⑨人工智能与乡村社区：人工智能如何服务乡村社区或增加机会。

⑩行政效率：提高政府效率，包括减少预算和简化运营等事项。

AI咨询委员会应围绕以下主题开展研究。

①如何创造有利于公共和个人投资的环境，并促进AI领域创新。

②发展人工智能可能对经济、劳动力市场和美国竞争力的正负面影响。

③人工智能的应用将如何取代就业机会或者创造新的就业岗位，如何最大

化人工智能对工作的积极影响。

④如何在人工智能开发和相关联的算法中识别并消除歧视，主要针对以下事项：人工智能训练数据的选择和处理过程，人工智能开发中的多样性，以及部署系统的方式和场所及其潜在负面后果。

⑤是否需要及如何在 AI 开发和应用中融入伦理标准。

⑥联邦政府如何激励开发可以惠及各社会阶层和经济团体的人工智能技术。

⑦人工智能如何影响个人隐私权。

⑧人工智能的发展是否会影响消费者保护相关的法律和管理体制。

⑨是否需要更新现有的关于数据获取和隐私保护的法律，以确保 AI 的发展。

⑩联邦政府如何利用人工智能处理重大且复杂的数据集。

⑪（受 AI 影响的）多方利益相关者之间的持续对话和谈判如何实现将人工智能的潜力最大化，并进一步开发惠及每个人的人工智能技术。

⑫人工智能如何促进政府各个职能领域节约成本和简化运营，包括医疗、网络安全、基础设施和灾难恢复等领域。

为确保履行其职责，该法案授予 AI 咨询委员会一定权力，包括为行使该法案规定的职责而举行听证会、采取行动，收集证据等；必要时向国会、联邦政府机构提交建议；出具报告、指南和备忘录；举行会议和研讨；与第三方专家合作并监督员工；建立分会和议会规则等。

## 第二节　欧盟：协同合作以人为本

2018 年 3 月，欧洲政治战略研究中心（EPSC）发布《人工智能时代：实施以人为中心的人工智能战略》报告。报告认为，在人工智能时代，欧洲正面临内部与外部两大挑战。

### 1. 内部挑战

源自公共和私营部门应用人工智能技术的进程，以及与此相关的监管框架设置等。欧洲地区的企业总体上应用数字技术的进程较慢，这将限制其应用人工智能、物联网等技术的能力，这些企业因此将错失人工智能乘法效应，从而逐渐失去市场竞争力，更严重的是将会影响欧洲整体经济增长、税收收入及劳动力就业等。

**2. 外部挑战**

主要表现在欧盟与中国、美国等在人工智能发展上已有较大差距。中美两国企业在数字资源获取和使用方面具有较大优势；美国的经济框架有利于将颠覆式创新向商业应用转化，欧洲虽然具有强大的科研基础，然而长久以来因无法有效推进其成果转化，导致其具备全球竞争力的企业缺失。2002—2015 年，中国的信息通信技术专利申请量增长了 50%，而欧盟地区总体呈下降态势；2016 年，亚洲地区企业和北美地区企业获得外部投资（风险投资、私募股权及并购等）总额分别为 12 亿～ 20 亿欧元和 40 亿～ 64 亿欧元，同期欧洲这一数字为 9 亿～ 13 亿欧元；欧洲成为他国人工智能企业的"孵化器"（如英国公司 DeepMind 被美国谷歌收购），以美国企业为代表的高科技企业更善于通过在欧洲大陆建立研发中心等方式，充分调用欧洲的研发基础和智力资源。

为积极应对以上挑战，欧洲必须及时做出战略部署，营造有利环境，确保欧洲在人工智能科研领域能够与中国、美国等同步发展，基于其广泛认可的价值观和准则等建立全球监管规范，确保人工智能发展始终"以人为中心"。

欧盟委员会副主席安德鲁斯·安西普表示："就像蒸汽机和电力出现一样，人工智能正在改变我们的世界。"因此，欧盟发展人工智能，必须要加强整个地区的协同合作，推动欧盟和各成员国人工智能投资收益实现最大化，在全球竞争中占据优势地位。同时，强调要坚持"以人为中心"的发展原则，推动发展符合欧洲伦理与社会价值观和民众愿望的人工智能，加强公共领域的人工智能应用，使得全体民众成为人工智能发展的受益者。在这样的发展理念和总体愿景指导下，2018 年，欧盟委员会及其下设机构，以及相关智库等对欧盟人工智能发展的具体问题展开了深入研究与广泛讨论，并于 2018 年 12 月底发布了《人工智能协调计划》（*Coordinated Plan on Artificial Intelligence*），提出 7 项具体行动，同时明确了每项行动的时间安排。

一是加大人工智能领域投资。到 2020 年，人工智能领域投资总额度达到 200 亿欧元；未来 10 年推动该领域年度投资额度逐渐增加至每年 200 亿欧元。二是推动人工智能研究与应用。构建欧盟人工智能卓越研究中心网络；建设世界顶级试验验证基础设施，推进大型试点工作。建设数字创新中枢（digital innovation hubs），为公共部门和企业提供技术服务和技术测试支撑，以及市场情报、融资建议等咨询服务。三是培养人工智能人才、增强相关技能。打造具有全球竞争力的面向产业应用的人工智能博士培养品牌；2020 年后专项投资 7 亿欧元用于相关领域硕士人才的培养，以及青年人和专业人员的在职培训等。四是夯实人工智能数据基石。构建可重复使用的公共数据集，开发必要的工具促进公共数据的获取和聚合；通过数据沙盒实现对数据的实时管理和共享；推进欧洲开放数据云建设，推动开放数据效益最大化。推进欧洲高性能计算计划，推动构建覆盖全欧洲的超级计算类基础设施；成立数据共享支持中心，提出私营部门数据共享的协议框架等。五是建立伦理与规制框架，严格遵循"先伦理后设计"和"先安全后设计"的原则。六是推动人工智能在公共部门的应用。七是加强人工智能国际合作，推动在联合国、多边论坛等框架中建立确保国际安全的人工智能政策。

## 第三节　英国：占据全球人工智能前沿

英国早期重点聚焦于机器人和自主系统。最早在 2012 年，英国政府就将智能机器人和自主系统技术（robotics and autonomous systems，RAS）列为最重要的八大技术之一。2014 年，英国创新署发布《RAS 2020 国家战略》，2015 年，英国创新署再次发布《英国机器人及自主系统发展图景》，总结了英国发展 RAS 的优劣势，特别提出要加强 RAS 相关教育和培训的建议，对加强示范和政策引导提出了具体需求，并对 RAS 的未来发展远景进行了展望。2016 年 10月下旬，英国科学和技术委员会发布《机器人、自动化和人工智能》（Robotics,Automation and Artificial Intelligence, RAAI）报告。报告认为，机器人、自动化和人工智能的融合发展正创造新的市场机遇、产生颠覆性应用，不论是从国际竞争的角度（中国、日本、韩国、德国和美国都在紧锣密鼓地布局下一代人工智能），还是英国自身的发展基础，英国都应紧紧抓住此次 AI 热潮的机遇。报告中分析了 RAAI 对英国经济的正面作用，同时也提出了人工智能将对就业、教育等带来的新挑战。

2017 年 10 月中旬，英国文化媒体体育部（Department for Digital,Culture, Media & Sport, DCMS）和商务能源与产业战略部（Departmentfor Business, Energy & Industrial Strategy, BEIS）联合发布《培育英国的人工智能产业》发展建议报告，这一报告主体内容随后被列入英国政府 2017 年11 月出版的《政府工业战略》白皮书中，成为英国下一步发展人工智能的重要指引，英国首相特雷莎·梅特别提出要占据全球人工智能与数字经济发展的前沿。

《培育英国的人工智能产业》报告提出，发展 AI 会为英国带来巨大的经济社会效益。埃森哲公司预测，到 2035 年，AI 将为英国经济提供 8140 亿美元（约 5.4万亿元人民币）的增量。届时，AI 的总增加值（GVA）年增长率有望从现在的2.5% 增长至 3.9%。普华永道公司也发布报告称，到 2030 年，AI 为英国带来的GDP 增长将达到 2320 亿英镑（约 2 万亿元人民币）。与此同时，英国仍是全球AI 技术和专家的主要聚集地之一，为确保英国在 AI 领域的领先地位，特别从提高数据访问能力、人力资源供应能力、最大化 AI 研究和商业化能力等角度提出了英国在 AI 领域的未来发展建议。

（1）支持数据访问

促进政府、行业、组织之间的数据共享，开发相关验证和可信的框架协议，避免数据孤岛并确保数据交流的安全互利；为了提升开发 AI 系统的数据可用性，政府应该保证一定数额的研究资金用于资助 AI 数据开发，同时确保以机器可读的格式发布基础数据，提供明确的版权信息，且尽可能地对外开放；支持文本和数据挖掘，阅读权也是挖掘数据的权利，政府应该关注数据的潜在用途。

(2) 增加 AI 人才供给

政府、企业和学术界必须充分认识到 AI 行业各类人才的价值和重要性，并应共同努力，打破成规，扩大参与；产业界应出资资助大学开设 AI 硕士学位课程（首批约 300 人）；高校应与用人单位及学生一起探讨对一年制 AI 专业硕士的相关需求，而不是将这些学生简单地归类于计算机或数据科学专业；政府应与全英知名高校共同新设至少 200 个 AI 博士研究岗位，随着英国教育发展和吸引更多学术人才的需求不断扩大，这个数字还应持续增长；高校应鼓励设立与发展 AI 大规模网络开发课程（MOOC）、在线 AI 课程和持续的专业技能培训，为那些具有科学、技术、工程和数学（STEM）教育背景的人提供更多专业知识；英国 AI 协会国际奖学金计划应与艾伦·图灵研究所合作创立图灵 AI 奖学金，以确定和吸引最优秀的人才，并确保英国向来自世界的专家开放。

(3) 最大限度地推动英国 AI 研究

艾伦·图灵研究所应该成为国家级的 AI 和数据科学研究所，其规模应扩展到目前 5 所大学之外，并把关键任务集中在大力发展 AI 上；大学应该采用清晰的、可访问的及可能的公共政策和实践来授权知识产权，并创建衍生公司；艾伦·图灵研究所、工程与物理科学研究委员会 (EPSRC)、科学技术装置委员会 (STFC) 及联合信息系统委员会（JISC）应共同合作，协调 AI 研究对计算能力的需求，并为此与学界进行沟通协商。

(4) 支持 AI 应用落地

英国政府应与产业界和专家合作建立英国 AI 委员会，帮助协调和发展英国的 AI 应用；信息专员办公室和艾伦·图灵研究所应共同制定框架，以解释出自 AI 的流程、服务和决策，以促进提高透明度及问责；英国国际贸易部应扩大其目前对 AI 企业的支持计划；TechUK 应该与英国皇家工程院、Digital Catapult 及业界的关键企业合作，共同为在英国经济中成功运用 AI 和应对挑战而制定切实可行的指导方针；借助"政府数字服务"（GDS）、"数据科学伙伴关系"（DSP）的专业知识及其他部门的数据专家，政府应制订一系列行动计划为公共部门做好准备并推广应用 AI 技术，以改善政府运行和公民服务；政府应确保产业战略挑战基金（ISCF）和小型企业研究计划（SBRI）支持 AI 在各个领域的应用，并为利用公共数据的 AI 相关挑战项目提供资金支持。

在充分吸纳上述报告建议的基础上，英国政府在工业战略中围绕人工智能与数字经济提出了 3 项具体的举措。

### 1. 将英国建设为全球 AI 与数据驱动型创新的中心

通过 ISCF 与产业界合作开展世界级的研究，实现 AI 与先进分析技术的创新性使用；培养、吸引和留住最优秀的人才，艾伦·图灵研究所将成为国家 AI 研究中心，提供 4500 万英镑的投资支持 AI 及相关学科的博士培养，并通过支持大学和企业设立硕士项目培养人们的技能，帮助他们紧跟技术变化的步伐。

### 2. 在安全和合理运用数据与 AI 方面保持世界领先

英国将投资 900 万英镑创建一个新的数据伦理与创新中心，对现有的数据治理态势进行评估，并就如何实现和确保数据（包括 AI）安全、创新、合乎道德地使用为政府提供相关建议。英国还将加强整体数据安全，巩固英国作为全球网络安全中心的地位。

### 3. 帮助公众培养未来工作所需的技能

英国将投入 4.06 亿英镑培养人们的数学、数字与技术技能，包括未来 5 年投资 8400 万英镑开发综合性项目来改进计算教学，并促进人们参与计算机科学。英国将建一个新的国家计算教育中心，并推广一项新的成人数字化技能权益。此外，新的国家再培训计划将帮助人们对自己进行再培训和技能提高，以应对经济变革。

2018 年，英国发布人工智能领域综合战略《产业战略：人工智能部门协议》（*Industrial Strategy: Artificial Intelligence Sector Deal*），成为英国政府联合产业界、学术界等做出的首份发展人工智能的承诺，旨在推动英国成为全球人工智能发展的领导者。同时，该战略作为英国 2017 年版产业战略的一部分，也延续了产业战略"五大基石"总体需求和举措的风格，即基于创意、人才、基础设施、商业环境和区域 5 个维度制定了具体的行动措施。

一是在创意方面，为使英国成为世界上最具创新力的经济体，政府将为人工智能研发提供资金支持，并促进人工智能在公共部门的应用，产业界则要提供匹配资金推进研发与应用。二是加强人工智能人才的培养和集聚，同时为全民创造高收入工作机会。政府将与学校和产业界合作培养高技能劳动力，吸引全球最优秀的人才，确保人工智能发展的多样性。三是升级改进现有的数据和网络基础设施，以适应人工智能研发与应用的需要。四是营造更好的人工智能创业与商业环境，制定人工智能专项政策，加强国际交流与互动，向全球推广英国的人工智能，发挥公共资金引导作用，公私合作设立投资基金，持续推动企业实现高增长。五是充分挖掘人工智能发展潜能，以促进区域繁荣。

在人工智能领域发展专项投入方面，英国通过综合战略确保政府与产业界、学术界的联合投资，同时也在持续追加新投入。《产业战略：人工智能部门协议》提出总额为 10 亿英镑的投入，其中包括私人融资 3 亿英镑，新政府支出（脱欧）3 亿英镑，以及 2017 年政府曾宣布的 4 亿英镑，这些投入涉及人工智能风险投资公司在英国设立机构，新的人工智能研究项目立项，开放人工智能超级计算资源，以及道德数据和创新中心建设等。2017 年 11 月，英国宣布拨款 5000 万英镑在全国组建 5 个中心，更深入地开发人工智能在医疗细分领域的应用，以便提升癌症等多种疾病的早期诊断和病患护理效率。2017 年 12 月，英国科研与创新署（UKRI）发布新的人工智能和数据科学资助计划，拟通过战略重点基金（strategic priorities fund）投入 4800 万英镑，聚焦工程、医疗健康及社会发展领域的人工智能和数据科学开展相关研究。

## 第四节　德国：确保德国制造未来的竞争力

德国将人工智能、机器人等看作对其制造业进行升级改造的重要工具，因此，前期与人工智能研究与应用相关的诸多部署都被纳入"工业4.0"的整体框架中。德国联邦经济和能源部、联邦教育与研究部两大部门对人工智能研究给予支持并各有侧重，前者注重实际应用，后者关注基础科研。两大部门围绕人工智能专门提出了相关的研发布局和发展愿景，以助力工业4.0计划的落实。2017年5月，德国联邦经济和能源部发布创新报告《智能服务世界》，对聚焦汽车、美好生活、智能生产和跨行业应用的"智能服务世界"促进计划进行了集中介绍。9月，在德国教研部的主导和推动下，德国宣布成立人工智能战略研讨平台——"学习系统"平台，旨在联合科学界、经济界及社会各界的专家们共同探讨人工智能的应用，以及可能带来的社会、伦理和法律等相关问题，促进学术界与产业界的交流与合作，推动德国成为人工智能技术的引领者。

2018年，德国在《高技术战略2025》中进一步明确了发展人工智能的战略定位，将人工智能视为一种事关德国未来在全球创新位势的关键能力。由此，德国调整了发展思路，在2018年7月宣布将发展人工智能上升为国家战略，并在12月发布了完整版《人工智能战略》。该战略在参考欧盟人工智能战略，并切实基于德国本国发展的基础上，确定了三大核心目标：一是推动德国和欧洲成为人工智能技术发展的领先地区，确保德国未来的竞争力；二是坚持以公共利益为导向、负责任地发展和应用人工智能；三是在进行广泛社会对话的基础上，推动人工智能伦理、法律、文化及制度方面的建设。

为了实现上述目标，联邦政府计划到2025年累计投入30亿欧元专项资金用于人工智能发展，并提出了12项行动及具体举措。一是加强德国和欧洲的研究水平，努力为人工智能发展营造一个广泛而活力的生态，真正使人工智能成为创新驱动力。具体将建立由12个人工智能研究中心组成的全国性的研究网络，出台人工智能青年人才和教学人才专项培养计划，与法国开展联合研究，促进预测与决策一体化研究和软硬件结合的系统性研究，推动人工智能技术与生物技术等的交叉研究等。二是推动建立人工智能欧洲创新集群，鼓励开展人工智能创新竞赛等活动。三是促进技术成果向中小企业和产业界转移。四是激发创业活力，并为初创企业成长提供技术支撑和业务咨询服务。五是积极应对人工智能对就业结构及劳动力市场的影响。六是加强人工智能基础知识教育、大学教育和职业教育等。七是推动人工智能在公共管理和行政服务领域的应用。八是提高数据的可获取性和可用性。九是调整现有制度框架，增强人工智能系统的透明度、可解释性和可检验性，保护公民隐私安全，预防人工智能技术滥用等。十是积极参与人工智能国际标准制定。十一是建立广泛的国际交流与合作，加强与欧盟的合作，充分利用双边和多边机制加强与各方的交流并促进达成共识。十二是开展政府、学术界、产业界及社会公众之间广泛的交流，在人工智能有关的伦理、法律与文化等建设中体现普惠性原则，促进全民受益。

## 第五节　法国：营造创新环境培育龙头企业

为了在制定《国家人工智能战略》过程中，能够吸收不同意见，协调各方力量，2017 年 1 月 20 日至 3 月 14 日，法国政府邀请人工智能界的各方代表，组成了 9 个主题讨论工作小组，吸收各方对制定人工智能公共政策的行动建议，并将工作成果集中在《法国人工智能战略综合报告》中，初步确定了法国《国家人工智能战略》的主要内容。

法国《国家人工智能战略》的主要目标包括：①在人工智能研究方面，保持研究的多样性，增强研究的跨学科性，提高对人才的重视程度，以确保法国在这一领域保持领先地位；②在人才培养方面，改善教育环境并提高社会对人工智能的适应程度，从而更好地理解人工智能可能带来的影响，培养对人工智能行业的使命感，激励创新的欲望，持续不断地为能够将人工智能转化为现实的行业培育人才；③为科研向产业化和经济性应用创造必要条件；④建设适宜创新的经济生态，在每个行业部门内实现人工智能的"垂直化"发展，在此基础上制定人工智能产业战略并丰富其内容；⑤继续支持对人工智能的公共讨论，并通过开发适宜的工具促进人们对人工智能的了解。

围绕上述五大目标，9 个工作组给出了 56 条具体建议。

## （一）价值链上游研究组的建议

①发起人工智能项目（initIA），通过资助研究团队，保持和加强法国的科研力量；②推出平台项目（IA+X），资助需要通过各种交流平台才能实现的合作研究；③建设人工智能大型基础设施，为加速人工智能的发展及改善科研实践提供必要的资源配置；④创建人工智能中心，以加强合作，形成法国标志性的、具有国际水平的人工智能研究中心；⑤资助企业家与学术界科研团队建立联系，在高校和研究机构设立科技成果转化岗，将科技成果转化的工作时间计入科研人员工作量，以加强企业家与价值链上游研究之间的联系。

## （二）教育培训组的建议

①对公众和决策者进行科普与培训，使他们理解人工智能可能带来的影响；②从小学开始引入人工智能教育课程，一直延续到高中，保证未来的公民能够理解人工智能并与之互动；③为人工智能教育培训建设良好的环境，使其能够吸引大众并自主发展；④发展相关技术，为人工智能教育培训提供必要条件；⑤政府需要带头使用人工智能技术。

## （三）技术转移与科技成果转化组的建议

①促进科研与企业之间的技术转移与科技成果转化；②实施联合不同项目的大型联合人工智能公共项目（MarlAnne）；③建设覆盖整个欧盟的平台；④开发测试与认证方法；⑤支持建立资本投资基金；⑥支持具有首创性的健康与能源领域项目；⑦创建人工智能基金。

### （四）人工智能生态环境发展组的建议

①将人工智能纳入数据经济战略的范围；②按照行业和地区，提供更为简便易得的数据集和数据处理工具；③建立人工智能中心（hubs IA），实现人工智能按照行业主题的"垂直化"发展，将人工智能的科学方法传授给更多人；④从高校学生和学者中发现能够创建企业的人才，支持和引导他们设计完成人工智能创业计划；⑤制定《可自动化职业工作识别指南》；⑥将人工智能领域纳入法国公共投资银行（Bpifrance）发起的大数据诊断计划（Diagnostic Big Data）；⑦在向全国推行有关人工智能的措施之前，先在地方行政服务部门进行试点；⑧研究探讨能否对人工智能创业公司的收购实施免税政策；⑨将人工智能明确列为未来投资计划一期和二期政策支持的重点对象；⑩建立覆盖国内所有人工智能和大数据的相关行动主体的联盟；⑪将法国科创（France Tech）定位为人工智能领域的世界级生态系统参考系；⑫通过"法国人工智能创业之旅"（IA Startup Tour France）项目促进法国人工智能创业型企业的发展。

### （五）客户关系管理组的建议

①基于人工智能方法和手段，推动企业与客户关系实现数字化转变；②随着人工智能在客户关系中占据着越来越重要的地位，需要对法律框架和行政监管制度进行必要转变，并将这种转变纳入国家和欧盟层面的政策规划中；③在人工智能与使用者的关系中，鼓励公共权力机关使用人工智能；④利用工作中的机会将人工智能的应用引入与客户的关系中；⑤将人工智能引入客户关系领域，将其转化为具体的模式、解决方案和服务，将这些具体的模式、解决方案和服务的设计者、供应商和引入者纳入法国人工智能生态系统的范围，以进一步扩大法国人工智能生态系统的内涵；⑥将人工智能应用到客户关系领域会开发出许多配套技术，应该提供更多获得这些配套技术的途径；⑦生活辅助工具是人工智能渗透进消费者生活的一个最重要载体，应将其放在重要地位。

### （六）自动驾驶工具组的建议

①细化《道路交通法典》的内容，明确有关自动驾驶交通工具的规定；②提供高清晰度的地图定位；③建议在交通工具的算法中进行信息备份，供发生故障时使用。

### （七）融资组的建议

①数据的表达方式应该高效、真实和准确，以改善数据分享状况；②促进公众更加了解各种倡议、项目和活动的情况；③事前预测并在事中与事后持续分析监管带来的影响。

### （八）国家主权组的建议

①开发测试、分析和验证 AI 系统的平台（ConfIAnce）；②开发人工智能嵌入式软件平台（FranceIA）；③为数据存储提供最好的条件；④以仿神经结构为核心开发硬件与软件平台；⑤开发提高透明度的工具，以服务公民和企业（PrIvAcy Compagnon）；⑥建立竞争情报主权平台；⑦建立以保障实际安全与网络安全为主题的、由平台构成的网络（SecureIA）。

### （九）社会与经济影响组的建议

①征求各方意见，预测人工智能可能带来的社会与经济影响；②改变终身学习的方式（包括学校、学习规模、工作时间与学习时间的比率等）；③充分考虑整个经济环境而不是单一企业或行业的组织结构，在此基础上研究人类与机器之间可以相互替代完成哪些工作。研究人机互补性的主要目的是最大限度地开发人工智能的潜力，为了达到这一目的，需要确定人工智能可以通过哪些方式改进劳动的组织、提供新的服务或者创造新的工作职位；④使公众了解数据在训练人工智能中的价值；⑤促进人工智能在企业中的应用；⑥提供获取公共数据的途径；⑦实现数据的流通。

到 2017 年年底，法国将首先落实以下 11 项初步行动计划中除第 7 项以外的 10 项，第 7 项行动则将在 5 年内落实。

①成立法国人工智能战略委员会，汇集学术界、科学界、经济界和公民社会人士，共同负责落实工作组的建议；②由法国协调组织有关人工智能的"新兴科技灯塔计划"（即"未来和新兴科技旗舰计划"，FET Flagship），该项目由欧盟共同出资（10 亿欧元）；③在未来投资计划第三期中的首要研究项目内引入新项目，以动员研究机构的力量，识别、吸引和挽留人工智能界的顶尖人才；④资助共享互助型的科研基础设施建设；⑤建立公共私人研究联盟，并通过该联盟为已有机构授予人工智能跨学科中心称号，或新建一个这样的中心；⑥将人工智能纳入所有支持创新的公共机制中；⑦调动公共资本（包括法国公共投资银行、未来投资计划等）与私人资本，从现在起 5 年内为 10 家法国创业公司提供投资，每家公司至少 2500 万欧元；⑧调动汽车业、客户关系管理行业、金融业、医疗与健康行业及铁路交通业的相关力量，为每个行业制定一份行业人工智能战略；⑨通过招标形式为 3 ~ 6 个行业领域建设数据共享平台；⑩由法国国家信息自由委员会（CNIL）负责完成对"算法"伦理问题的讨论；⑪在 2017 年夏天之前由"法国战略"（France Stratégie）发起讨论咨询，主题为人工智能对就业的影响。

2018 年，法国在充分剖析本国薄弱环节的基础上，进一步明确了本国人工智能发展的侧重点和实施路径，尤其是在人工智能研究领域提出了更加具体的举措及投入计划等，以期推动法国跻身人工智能领域的领军者行列。根据法国对全球人工智能发展态势的分析，与当前人工智能领域领军型国家（美国、中国、以色列、加拿大和英国）相比，法国在数学、信息科学、人文社会科学等领域的基础研究有一定的积累，但缺少龙头企业。因此，在 2018 年 3 月启动实施的人工智能计划中，法国强调要营造人工智能创新环境，实施数据开放政策，打造与人工智能发展相适应的制度环境等，并力求通过相关技术研发孕育未来的龙头企业。到 2022 年，法国政府将为该计划投入 15 亿欧元，其中 4 亿欧元用于支持该领域的颠覆性创新项目。

为了充分强化人工智能领域的研究，确保法国在这一领域保持一定的领先地位，法国于 2018 年 11 月发布《国家人工智能研究战略》，到 2022 年，政府在该战略的总投入为 6.65 亿欧元。法国从牵头机构、人才支撑、计算能力、产学合作及国际合作等维度提出了具体的举措。一是由国家信息科学与自动化研究所牵头实施国家人工智能计划，以加强协调治理与交流合作，加速人工智能生态体系的构建，预算为 3 亿欧元。二是启动人才吸引与支持计划，增加赴法开展人工智能联合研究的名额，将人工智能博士人员培养规模扩大为现在的 2 倍。三是向国家科学研究署（ANR）追加 1 亿欧元投入，用于高水平人工智能研发项目。四是加强计算能力建设与服务，法国政府与欧盟将共同出资 1.7 亿欧元，包括研发可满足人工智能需求的超级计算机，并探索向科研共同体开放计算资源的有效机制等。五是加强政产学研合作研究，具体可依托 3IA （跨学科人工智能研究所）研究网络、共同实验室（Labcom）项目、创新委员会、卡诺研究所及技术研究所（IRT）等机制或机构推进。六是加强双边、欧洲与国际范围内的合作研究，尤其要重视与德国的合作，并积极响应欧盟人工智能战略相关倡议。

## 第六节　日本：建设超智能社会 5.0

近年来，日本对人工智能、机器人及大数据等领域发展的重视程度日益提升，认为这些领域的发展将推动产业、经济与社会等发生深刻变革。为此，日本持续强化顶层设计，设立专门的管理和推进体制等加快推动相关领域的发展，提升其国际竞争力。从《日本复兴战略修订 2015》《日本复兴战略 2016》《未来投资战略 2017》，再到《下一代人工智能／机器人核心技术开发计划》（2015 年）、《人工智能研发目标和产业化路线图》（2017 年）、《人工智能技术战略》（2017 年），这一系列综合性战略和专项规划都对人工智能、机器人等领域进行了持续性战略部署。日本经济产业省、总务省和文部科学省成为促进人工智能产业创新和国际竞争力强化的核心部门。与此同时，日本先后于 2014 年 9 月、

2015 年 8 月和 10 月，以及 2016 年 4 月密集成立了"机器人革命实现会议""新产业结构部门会议""IoT 推进国际财团"和"人工智能技术战略会议"，以研究制定研发目标和产业化路线，加速人工智能与机器人技术的研发和应用，预测探讨新技术应用为经济社会带来的影响，研究制定相关政策措施等。

日本将发展人工智能纳入建设超智能社会 5.0 的总体框架中，为加快建成超智能社会，2018 年，日本进一步明确了人工智能技术研发布局、应用和产业化的重点，并大幅增加了人工智能领域的研发投入等。日本政府 2018 年度预算案中列支的人工智能相关预算总额达到 770.4 亿日元（约 7 亿美元），与 2017 年相比增长了 30%。同时，日本私营部门在人工智能领域的总投入约为 54 亿美元，即公共部门与私营部门投入比例为 1 ：7.71。

2018 年 6 月，"人工智能技术战略会议"审议通过了推动人工智能普及的实施计划，主要围绕人工智能研发、人才培育、数据和工具建设、创业和伦理 5 个方面进行了部署，并特别突出了人工智能在生产效率与服务、健康医疗护理、空间移动和防灾减灾等方面的社会应用。

日本积极更新专项计划，布局下一代人工智能和机器人核心技术，向强人工智能和超级人工智能的方向延伸。2018 年 4 月，日本发布第 5 版《下一代人工智能／机器人核心技术开发》计划，这是该计划自 2015 年 5 月第 1 版以来的第 5 次修订。实施年限为 2015—2022 年，其中 2018 年年度预算总计 46.2 亿日元。通过该计划的实施，日本希望研发出能够替代人类甚至超越人类能力水平的人工智能和机器人技术，从而帮助应对少子、老龄化等社会问题，提升服务领域的生产效率，培育新产业，激活地方经济。同时，向全世界输出高度智能的机器人技术解决方案，并保持在该领域的全球领先地位。

因此，第 5 版《下一代人工智能／机器人核心技术开发》计划的研发范畴应超越现有人工智能、机器人相关技术，更应向强人工智能和超级人工智能的方向延伸。应用与产业化的重点则是在传统行业中引入人工智能和机器人技术，并推动其深度融合，实现日本产业国际竞争力提升。这其中最应实现融合的领域主要有：一是人工智能与制造业，特别是 AI 与产业机器人相融合，继续将日本强大的制造能力发扬光大，确保其制造业和食品加工业的国际领先地位；二是人工智能与生命健康和基础设施，即 AI 与高品质的农林水产业、服务业、医疗看护及交通等各类基础设施相结合，推进农工商合作，提升人们的生活品质；三是人工智能与科学和工程，即 AI 与日本拥有的世界顶级基础科学相结合，促进其科技发展。严格来说，该计划实际属于过渡型研究计划，因为其主要研发的是能够填补空白的突破性技术，并实现这些技术的系统性集成，推动在相关领域的实际应用。

# 一、日本下一代人工智能研发布局

## 1. 前沿理论研究

（1）类脑智能

当前，人工智能技术仅限于模式识别、自然语言处理、运动控制等，对复杂情景的应对能力、泛化能力及对数据的深度理解等方面远不及人脑。近年来，计算神经科学的发展为类脑智能的研发奠定了基础，下一步类脑智能方向要研发人造视觉中枢、人造运动中枢和人造语言中枢。

（2）数据驱动与知识驱动融合型人工智能

近年来，数据驱动型人工智能技术发展迅速，然而大多数仍只能处理单一种类（如文本、图像、声音等）的静态数据，对多类型动态数据的分析能力尚有待提升。与此同时，知识驱动型人工智能在检索系统、问答系统等领域也蓬勃兴起，前提是这些知识仍然源自人类的先验知识，而并非来自传感器等直接采集到的原始数据。未来应探索这两个方向的融合型发展，直接基于硬件采集到的海量数据实现对现实世界的深度理解，即研发将知识与数据相融合进行学习、理解和规划的技术，进而辅助人类进行推理与决策。

## 2. 下一代人工智能框架与核心模块研究

研究信息处理基础技术和高级程序设计方法，研究可持续获取和存储动态

数据的模块，研究兼顾数据安全与隐私保护的数据获取模块等，探讨复杂问题
和复杂场景下人工智能多模块融合效率与性能提升的方法，进而提出可融合更
多核心模块的下一代人工智能框架。

### 3. 对人工智能进行评价的基础共性技术

对人工智能技术的有效性、可信性及性能进行定量评价，是推广人工智能
应用的必要前提。要开展对人工智能技术的性能及可靠性进行评价的方法、评
价标准与评价条件的研究，并对前面 2 项的成果进行评价。

### 4. 下一代人工智能技术的应用

为了在与欧美发达国家的竞争中赢得先机，需要广纳海内外英才，研发人
工智能与制造业高度融合的技术，研发智能机器人，研发半导体、智能材料、
纳米材料等的测量、加工与合成技术，研发智能传感器等物联网设备，注重人
工智能技术在生产效率提升、健康与医疗看护及各类交通三大领域的应用。

### 5. 加强与美国的研发合作

加大从美国引进人工智能人才的力度，探索构建新体制，加快研发步伐，
促进双方青年共同开展研究，培养下一代研究人员。重点聚焦注解技术、噪音
去除技术、数据获取技术、隐秘技术、隐秘检索技术、隐私保护技术、信息安
全技术等。

## 二、日本下一代机器人研发布局

### 1. 超级传感器

研发能从灾害现场检测出人体位置的传感器，超高灵敏度的嗅觉、味觉等
化学机制传感器及 3D 视觉传感器，研究机器人自主移动技术、物体把控技术、
环境识别技术与人体识别技术等。

### 2. 灵活驱动技术

研发轻量化、可贴身的可穿戴设备，研发可穿戴设备中的柔性驱动器（人

工肌肉），研究精准的位置控制与扭矩控制方法，实现新型控制技术与传统机械装置的有机融合与良好互动。

### 3. 机器人集成技术

研究在复杂实际环境下机器人做出合理判断与正确反应的技术，并与现有技术实现有效融合，提升机器人完成生产型任务的效率。重点研发自动机器人系统技术、远距离操纵机器人系统技术、无人机技术、模仿人类感知信息处理的创新性机器人系统技术、可穿戴设备系统技术等。

## 第七节　韩国：抢占第四次工业革命技术主导权

2016 年 12 月，韩国发布《应对第四次工业革命的智能信息社会中长期综合对策》，并将智能信息化社会定义为"ICBM（物联网、云服务、大数据和手机）与 AI（人工智能）相融合的社会"。这是韩国首次将人工智能发展提升至国家战略层面。韩国认为，人工智能是经济与社会大变革的核心动力之一，但与中国和美国相比，韩国的 AI 技术能力仍有较大差距，因此，提升人工智能技术能力迫在眉睫，事关其能否在第四次工业革命中占得技术主导权。

2018 年 5 月，韩国第四次工业革命委员会审议通过《人工智能研发战略》，旨在推广人工智能技术进步，并加快人工智能在各领域的创新发展，打造世界领先的人工智能研发生态，构建可持续的人工智能技术能力。计划未来 5 年投入 2.2 兆韩元（约 130 亿元人民币）提升人工智能技术能力，培养高端人才，构建开放合作型研发基础。

韩国《人工智能研发战略》目标主要包括：人工智能技术实力实现跨越式增长；国民生活质量得到大幅提升；科技创新与产业领域实现快速发展。韩国拥有雄厚的 ICT 产业发展根基，这为其发展人工智能奠定了良好的研发与应用生态。在该战略的实施路径上，韩国一方面要基于现有人工智能技术直接提供服务，以公共数据为资源核心推进核心技术研发，并在新一代及高风险的人工智能领域制订中长期投资计划；另一方面则要培养产业界的创新型高级人才，提升计算能力与数据供给，支持企业开展人工智能研发。

韩国《人工智能研发战略》提出要打造世界领先的人工智能技术能力，具体措施包括以下几点。

①推动核心技术研发。实施人工智能大型公共项目，以国防、医疗及安防等公共领域为重点，组织开展"核心技术＋应用技术"研发；促进机器学习、计算机视觉和智能语音等通用技术研发；10 年内（2020—2029 年）投资 1 兆韩元（约 60 亿元人民币）用于人工智能芯片研发。具体实施中，可参考借鉴美国 DARPA 的项目组织方式，并根据技术与环境等的变化适时调整项目目标。

②以 AI+X 的方式推动人工智能与应用领域的融合，牵引带动更大范围的创新。例如，将人工智能技术运用于新药和新材料研发，缩短研发周期。与人工智能融合后，新药研发过程中新药候选材料研发时间可由原来的 5 年缩短至 1 年，新材料研发周期则可以缩短一半。

③加强新一代人工智能基础理论研究能力。确保在脑科学等基础科学领域的长期投入，探索神经网络的工作机制，打破现有人工智能的局限，为下一代人工智能研发奠定理论基础。

为了保障战略的落实，韩国将设立 AI 针对性成长项目，计划培养人才 5000 名。明确人工智能高端人才应分为两类：一类是能够开发 AI 核心技术，能产生新一代原创技术的人才；另一类包括数据管理专家，以及能够基于大数据创造出 AI 新产品和新服务的复合型人才。预计到 2022 年将分别培养 1400 名第一类人才和 3600 名第二类人才。

韩国还计划加强基础设施建设，支持人工智能领域创业企业、中小企业等开发 AI 服务。韩国政府将合理分配超级计算机 5 号机 AI 专用资源及以 GPU 加速计算为基础的专业系统，为中小企业、风险企业提供服务。预计到 2022 年，可为 400 余家企业提供高质量计算服务。

（1）开放数据类创新资源，构建"AI 枢纽"

从 2018 年 1 月开始建设"AI 枢纽"，在这个公开的数据库里，计划到 2022 年构建 1.6 亿条企业所需数据，构建韩语语料库 152.7 亿字节。政府与民间共同推进自动驾驶、医学图像诊断等 AI 产业所需的数据开放。

（2）建立 AI 技术创新平台

2019 年将完成公共、民间线上挑战平台建设，为 AI 技术创新提供自由竞争与合作的空间。

（3）建立 AI 研究中心，集聚研究力量

为集中支持各地区战略产业对接项目，到 2022 年以重点大学为主建设 AI 研究中心，促进人工智能领域的产学合作，支撑区域发展。

（4）开展 AI 伦理研究

确保人工智能设计阶段尊重人性伦理法则，施行消费者监督制度。

此外，为确保战略的顺利实施，科学技术信息通信部将组建由相关部门（产业、福祉、国防等）和民间委员（产学研专家）共同组成的"人工智能战略联盟"。

# 第八节　其他：印度、俄罗斯、阿联酋等

## 一、印度："AI for All"

与世界人工智能强国相比，印度在人工智能综合发展水平与基础方面较为薄弱。然而，近年来随着印度软件产业的日渐发达，以及"数字印度"建设的大力推进，印度政府对人工智能、机器人、区块链和物联网等技术给予高度关注，着手研究本国人工智能发展战略，并在 2018 年提出发展人工智能的初步设想，以期挖掘利用人工智能的潜力，来促进经济增长和提升社会包容性，探索一条适合于发展中国家的人工智能发展路径，并可在其他发展中国家复制和推广。

2018年，"数字印度"计划共拨款 4.77 亿美元，这成为推动人工智能、机器学习、3D 打印及其他技术研发的重要举措。

2018 年 6 月，印度国家研究院（NITI Aayog）发布《人工智能国家战略》研究报告（讨论稿），报告以 "AI for All" 为主题，旨在让全国人民因人工智能发展而受益。为加强人工智能基础研究和应用研究，报告提出建立卓越研究中心（Centre of Research Excellence，CORE），专注于人工智能核心研究，并通过创造新知识推动人工智能前沿技术的发展，建立人工智能转移国际中心（International Centers of Transformational AI，ICTAI），开发和部署基于应用的研究。人工智能应用应重点放在五大领域：一是医疗健康，增加高质量、民众可负担的医疗服务供给；二是农业，提高农民收入，提升农业生产率并减少浪费；三是教育，拓宽受教育途径，提高教育质量；四是智慧城市与基础设施建设，提升人民生产生活效率和质量；五是智能通信与交通，为信息通信创造更为智能与安全的模式，更好地处理交通拥堵问题。同时，该报告还从知识产权、个人隐私、数据保护及道德伦理等维度探讨了建立人工智能发展生态环境营造的问题。

## 二、俄罗斯：未来十年成为 AI 行业的领导者

2017 年 9 月，俄罗斯总统普京曾公开表示"谁能引领人工智能领域发展，谁将成为未来世界的主宰者"，侧面表达了全力发展人工智能的意愿。2018 年，俄罗斯不仅在国家"科学"计划中再次强调人工智能、机器人技术等对未来发展的主导作用，在国情咨文中提出大力发展人工智能技术与应用，同时，还积极推进人工智能国家发展计划的制订。

2018 年 3 月，俄罗斯国防部联合联邦教育和科学部、科学院召开会议，汇聚学术界、产业界等多方力量为人工智能发展出谋划策。随后，国防部官员发布"俄罗斯人工智能发展计划"（又称"十点计划"），提出十项重点任务及

各项任务中相关部门的协调分工。具体包括：组建人工智能和大数据联盟；促进自动化专业知识的可获取性；建立国家人工智能培训和教育体系；在时代科技城（Eratechnopolis）组建人工智能实验室；建立国家人工智能中心（该中心职能设计与美国国防部联合人工智能中心类似）；监测全球人工智能发展；开展人工智能军事演习；探讨人工智能技术合规性评估方法；在国内军事论坛上探讨人工智能提案；举办人工智能年度会议。国防部、联邦教育、科学部、科学院每年召开一次人工智能会议。

2019 年 2 月 20 日，俄罗斯总统普京发表国情咨文，阐述了俄罗斯在民生、经济、科技和外交等领域的施政措施和对未来发展方向的展望。俄罗斯未来几年的任务是推行高速网络全覆盖，运行第五代通信系统。为实现通信和导航领域的真正革命，俄罗斯必须加大卫星的部署，增加卫星集群数量。普京指示俄罗斯联邦航天局（Roskosmos）和俄罗斯政府建立国家航天中心。该中心将联合专业组织、设计单位及经验丰富的生产部门，进行科学研究和人才培养。俄罗斯将在人工智能领域开展国家级大规模计划，使俄罗斯在未来十年中成为行业的领导者。

## 三、阿拉伯联合酋长国：将 AI 变为"新石油"

阿拉伯联合酋长国（以下简称"阿联酋"）是全球最具创新活力的国家之一，在世界知识产权组织全球创新指数排名（2018）中排在第 38 位，在西亚和北非地区 19 个经济体中排在第 3 位。近年来，在全球的高收入国家群体中，阿联酋的研发投资力度呈显著增长态势，同时，阿联酋将 3D 打印（增材制造）、无人客机、航空航天、区块链、迪拜智能城市等看作事关未来发展的重要领域。特别是在人工智能进入第三次发展热潮后，阿联酋将人工智能视为第四次工业革命的支柱，其广泛应用将成为国民经济的重要驱动力，到 2025 年，阿联酋人工智能市场预计将达到 500 亿美元，届时人工智能将成为该国的"新石油"。

由此，政府采取了一系列举措加快推进人工智能发展，旨在将阿联酋打造成为"世界上人工智能发展最充分的国家"，尤其是在实施机制上，阿联酋成为全球首个任命人工智能国务部长的国家。

2017 年 10 月，阿联酋在任命人工智能国务部长的同时发布了人工智能国家战略（AI Strategy），从而成为中东首个实施人工智能战略的国家。这是《阿联酋 2070 百年目标》（UAE Centennial 2070 Objectives）的首个战略，旨在利用人工智能改善多个行业，并增强政府的施政能力及效率，目标是到 2031 年推动政府收入增加 35%，开支减少 50%，将应对金融危机的抵御能力提升至 90%，在服务和数字分析等领域全面应用人工智能技术，具体包括以下多个领域。交通运输：减少事故率、缓解交通拥堵、降低运营成本；医疗健康：减少慢性病和危险疾病发病率；航天：推动开展正确的科学实验，降低高额成本错误率；可再生能源：优化管理公共事业部门设备；水：开展供水分析；科技：提升生产力、降低总成本；教育：降低成本、提升民众受教育意愿；环境：增加绿化率。

# 第四章

# 一张蓝图绘到底

人工智能具有多学科综合、高度复杂的特征。我们必须加强研判，统筹谋划，协同创新，稳步推进，把增强原创能力作为重点，以关键核心技术为主攻方向，夯实新一代人工智能发展的基础。

——2018 年 10 月 31 日习近平总书记
在十九届中央政治局第九次集体学习时的讲话

人工智能的迅速发展将深刻改变人类社会生活、改变世界。为抢抓人工智能发展的重大战略机遇，构筑我国人工智能发展的先发优势，加快建设创新型国家和世界科技强国，按照党中央、国务院部署要求，制定了《新一代人工智能发展规划》（以下简称《规划》）。

## 第一节　总体要求

《规划》中，从指导思想、基本原则、发展目标和总体部署方面对发展新一代人工智能提出了总体要求。

## 一、指导思想

全面贯彻党的十八大和十八届三中、四中、五中、六中全会精神，深入学习贯彻习近平总书记系列重要讲话精神和治国理政新理念新思想新战略，按照"五位一体"总体布局和"四个全面"战略布局，认真落实党中央、国务院决策部署，深入实施创新驱动发展战略，以加快人工智能与经济、社会、国防深度融合为主线，以提升新一代人工智能科技创新能力为主攻方向，发展智能经济，建设智能社会，维护国家安全，构筑知识群、技术群、产业群互动融合和人才、制度、文化相互支撑的生态系统，前瞻应对风险挑战，推动以人类可持续发展为中心的智能化，全面提升社会生产力、综合国力和国家竞争力，为加快建设创新型国家和世界科技强国、实现"两个一百年"奋斗目标和中华民族伟大复兴中国梦提供强大支撑。

## 二、基本原则

科技引领。把握世界人工智能发展趋势，突出研发部署前瞻性，在重点前沿领域探索布局、长期支持，力争在理论、方法、工具、系统等方面取得变革性、颠覆性突破，全面增强人工智能原始创新能力，加速构筑先发优势，实现高端引领发展。

系统布局。根据基础研究、技术研发、产业发展和行业应用的不同特点，制定有针对性的系统发展策略。充分发挥社会主义制度集中力量办大事的优势，推进项目、基地、人才统筹布局，已部署的重大项目与新任务有机衔接，当前急需与长远发展梯次接续，创新能力建设、体制机制改革和政策环境营造协同发力。

市场主导。遵循市场规律，坚持应用导向，突出企业在技术路线选择和行业产品标准制定中的主体作用，加快人工智能科技成果商业化应用，形成竞争优势。把握好政府和市场分工，更好发挥政府在规划引导、政策支持、安全防范、市场监管、环境营造、伦理法规制定等方面的重要作用。

开源开放。倡导开源共享理念，促进产学研用各创新主体共创共享。遵循经济建设和国防建设协调发展规律，促进军民科技成果双向转化应用、军民创新资源共建共享，形成全要素、多领域、高效益的军民深度融合发展新格局。积极参与人工智能全球研发和治理，在全球范围内优化配置创新资源（图4-1）。

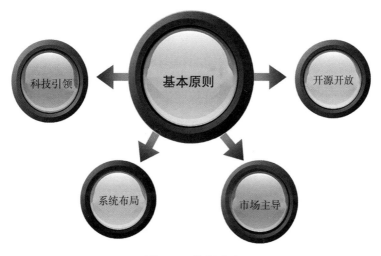

图 4-1　基本原则

## 三、发展目标

我国新一代人工智能发展将分三步走，实现短期、中期和长期的预期目标。这些目标的设立，一方面考虑到我国人工智能发展的基础；另一方面也是希望人工智能在确保实现到2020年进入创新型国家行列和2030年进入创新型国家前列的目标中，可以起到重要的引领和支撑作用（图4-2）。

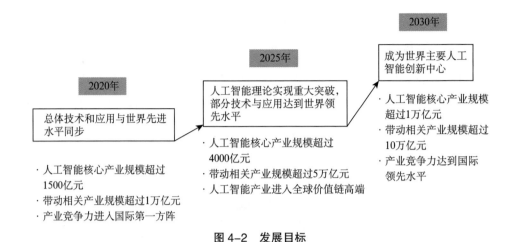

图 4-2　发展目标

第一步，到 2020 年，人工智能总体技术和应用与世界先进水平同步，人工智能产业成为新的重要经济增长点，人工智能技术应用成为改善民生的新途径，有力支撑进入创新型国家行列和实现全面建成小康社会的奋斗目标。

——新一代人工智能理论和技术取得重要进展。大数据智能、跨媒体智能、群体智能、混合增强智能、自主智能系统等基础理论和核心技术实现重要进展，人工智能模型方法、核心器件、高端设备和基础软件等方面取得标志性成果。

——人工智能产业竞争力进入国际第一方阵。初步建成人工智能技术标准、服务体系和产业生态链，培育若干全球领先的人工智能骨干企业，人工智能核心产业规模超过 1500 亿元，带动相关产业规模超过 1 万亿元。

——人工智能发展环境进一步优化，在重点领域全面展开创新应用，聚集起一批高水平的人才队伍和创新团队，部分领域的人工智能伦理规范和政策法规初步建立。

第二步，到 2025 年，人工智能基础理论实现重大突破，部分技术与应用达到世界领先水平，人工智能成为带动我国产业升级和经济转型的主要动力，智能社会建设取得积极进展。

——新一代人工智能理论与技术体系初步建立，具有自主学习能力的人工智能取得突破，在多领域取得引领性研究成果。

——人工智能产业进入全球价值链高端。新一代人工智能在智能制造、智能医疗、智慧城市、智能农业、国防建设等领域得到广泛应用，人工智能核心产业规模超过 4000 亿元，带动相关产业规模超过 5 万亿元。

——初步建立人工智能法律法规、伦理规范和政策体系，形成人工智能安全评估和管控能力。

第三步，到 2030 年，人工智能理论、技术与应用总体达到世界领先水平，成为世界主要人工智能创新中心，智能经济、智能社会取得明显成效，为跻身创新型国家前列和经济强国奠定重要基础。

——形成较为成熟的新一代人工智能理论与技术体系。在类脑智能、自主智能、混合智能和群体智能等领域取得重大突破，在国际人工智能研究领域具有重要影响，占据人工智能科技制高点。

——人工智能产业竞争力达到国际领先水平。人工智能在生产生活、社会治理、国防建设各方面应用的广度深度极大拓展，形成涵盖核心技术、关键系统、支撑平台和智能应用的完备产业链和高端产业群，人工智能核心产业规模超过 1 万亿元，带动相关产业规模超过 10 万亿元。

——形成一批全球领先的人工智能科技创新和人才培养基地，建成更加完善的人工智能法律法规、伦理规范和政策体系。

## 四、总体部署

发展人工智能是一项事关全局的复杂系统工程，要按照"构建一个体系、把握双重属性、坚持三位一体、强化四大支撑"进行布局，形成人工智能健康持续发展的战略路径（图 4-3）。

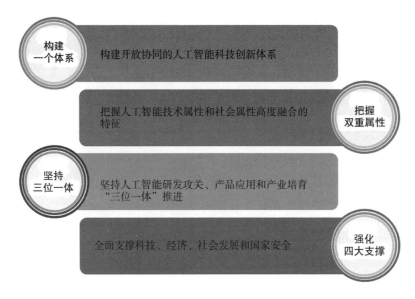

**图 4-3 总体部署**

构建开放协同的人工智能科技创新体系。针对原创性理论基础薄弱、重大产品和系统缺失等重点难点问题，建立新一代人工智能基础理论和关键共性技术体系，布局建设重大科技创新基地，壮大人工智能高端人才队伍，促进创新主体协同互动，形成人工智能持续创新能力。

把握人工智能技术属性和社会属性高度融合的特征。既要加大人工智能研发和应用力度，最大限度地发挥人工智能潜力；又要预判人工智能的挑战，协调产业政策、创新政策与社会政策，实现激励发展与合理规制的协调，最大限度地防范风险。

坚持人工智能研发攻关、产品应用和产业培育"三位一体"推进。适应人工智能发展特点和趋势，强化创新链和产业链深度融合、技术供给和市场需求互动演进，以技术突破推动领域应用和产业升级，以应用示范推动技术和系统优化。在当前大规模推动技术应用和产业发展的同时，加强面向中长期的研发布局和攻关，实现滚动发展和持续提升，确保理论上走在前面、技术上占领制高点、应用上安全可控。

全面支撑科技、经济、社会发展和国家安全。以人工智能技术突破带动国家创新能力全面提升，引领建设世界科技强国进程；通过壮大智能产业、培育智能经济，为我国未来十几年乃至几十年经济繁荣创造一个新的增长周期；以建设智能社会促进民生福祉改善，落实以人民为中心的发展思想；以人工智能提升国防实力，保障和维护国家安全。

# 第二节 重点任务

从全球治理到社会生活，从国家发展到家庭建设，都将因新一代人工智能的创新而发生重大变革。我们必须立足国家发展全局，准确把握全球人工智能发展态势，找准突破口和主攻方向，全面增强科技创新基础能力，全面拓展重点领域应用深度广度，全面提升经济社会发展和国防应用智能化水平。发展新一代人工智能更需要长时间的探索，这种创新往往需要高度专业性和长时间的储备与积累，需要凝心聚力落实6项重点任务（图4-4）。

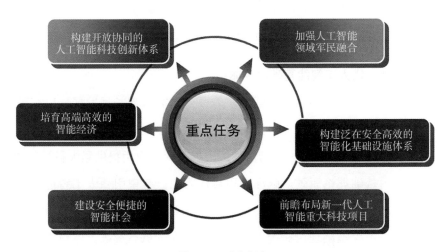

**图4-4 重点任务**

# 一、构建开放协同的人工智能科技创新体系

围绕增加人工智能创新的源头供给，从前沿基础理论、关键共性技术、基础平台、人才队伍等方面强化部署，促进开源共享，系统提升持续创新能力，确保我国人工智能科技水平跻身世界前列，为世界人工智能发展做出更多贡献（图4-5）。

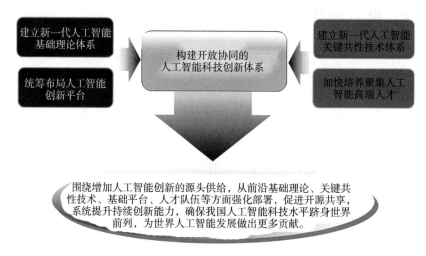

**图4-5 构建开放协同的人工智能科技创新体系**

## 1. 建立新一代人工智能基础理论体系

聚焦人工智能重大科学前沿问题，兼顾当前需求与长远发展，以突破人工智能应用基础理论瓶颈为重点，超前布局可能引发人工智能范式变革的基础研究，促进学科交叉融合，为人工智能持续发展与深度应用提供强大科学储备。

突破应用基础理论瓶颈。瞄准应用目标明确、有望引领人工智能技术升级的基础理论方向，加强大数据智能、跨媒体感知计算、人机混合智能、群体智能、自主协同与决策等基础理论研究。大数据智能理论重点突破无监督学习、综合深度推理等难点问题，建立数据驱动、以自然语言理解为核心的认知计算模型，形成从大数据到知识、从知识到决策的能力。跨媒体感知计算理论重点突破低

成本低能耗智能感知、复杂场景主动感知、自然环境听觉与言语感知、多媒体自主学习等理论方法，实现超人感知和高动态、高维度、多模式分布式大场景感知。混合增强智能理论重点突破人机协同共融的情境理解与决策学习、直觉推理与因果模型、记忆与知识演化等理论，实现学习与思考接近或超过人类智能水平的混合增强智能。群体智能理论重点突破群体智能的组织、涌现、学习的理论与方法，建立可表达、可计算的群智激励算法和模型，形成基于互联网的群体智能理论体系。自主协同控制与优化决策理论重点突破面向自主无人系统的协同感知与交互、自主协同控制与优化决策、知识驱动的人机物三元协同与互操作等理论，形成自主智能无人系统创新性理论体系架构。

　　布局前沿基础理论研究。针对可能引发人工智能范式变革的方向，前瞻布局高级机器学习、类脑智能计算、量子智能计算等跨领域基础理论研究。高级机器学习理论重点突破自适应学习、自主学习等理论方法，实现具备高可解释性、强泛化能力的人工智能。类脑智能计算理论重点突破类脑的信息编码、处理、记忆、学习与推理理论，形成类脑复杂系统及类脑控制等理论与方法，建立大规模类脑智能计算的新模型和脑启发的认知计算模型。量子智能计算理论重点突破量子加速的机器学习方法，建立高性能计算与量子算法混合模型，形成高效精确自主的量子人工智能系统架构。

　　开展跨学科探索性研究。推动人工智能与神经科学、认知科学、量子科学、心理学、数学、经济学、社会学等相关基础学科的交叉融合，加强引领人工智能算法、模型发展的数学基础理论研究，重视人工智能法律伦理的基础理论问题研究，支持原创性强、非共识的探索性研究，鼓励科学家自由探索，勇于攻克人工智能前沿科学难题，提出更多原创理论，做出更多原创发现（图4-6）。

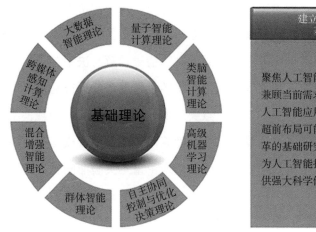

图 4-6　建立新一代人工智能基础理论体系

专栏 4-1　**基础理论**

　　1. 大数据智能理论

　　研究数据驱动与知识引导相结合的人工智能新方法、以自然语言理解和图像图形为核心的认知计算理论和方法、综合深度推理与创意人工智能理论与方法、非完全信息下智能决策基础理论与框架、数据驱动的通用人工智能数学模型与理论等。

　　2. 跨媒体感知计算理论

　　研究超越人类视觉能力的感知获取、面向真实世界的主动视觉感知及计算、自然声学场景的听知觉感知及计算、自然交互环境的言语感知及计算、面向异步序列的类人感知及计算、面向媒体智能感知的自主学习、城市全维度智能感知推理引擎。

　　3. 混合增强智能理论

　　研究"人在回路"的混合增强智能、人机智能共生的行为增强与脑机协同、机器直觉推理与因果模型、联想记忆模型与知识演化方法、复杂数据和任务的混合增强智能学习方法、云机器人协同计算方法、真实世界环境下的情境理解及人机群组协同。

4. 群体智能理论

研究群体智能结构理论与组织方法、群体智能激励机制与涌现机制、群体智能学习理论与方法、群体智能通用计算范式与模型。

5. 自主协同控制与优化决策理论

研究面向自主无人系统的协同感知与交互，面向自主无人系统的协同控制与优化决策，知识驱动的人机物三元协同与互操作等理论。

6. 高级机器学习理论

研究统计学习基础理论、不确定性推理与决策、分布式学习与交互、隐私保护学习、小样本学习、深度强化学习、无监督学习、半监督学习、主动学习等学习理论和高效模型。

7. 类脑智能计算理论

研究类脑感知、类脑学习、类脑记忆机制与计算融合、类脑复杂系统、类脑控制等理论与方法。

8. 量子智能计算理论

探索脑认知的量子模式与内在机制，研究高效的量子智能模型和算法、高性能高比特的量子人工智能处理器、可与外界环境交互信息的实时量子人工智能系统等。

**2. 建立新一代人工智能关键共性技术体系**

围绕提升我国人工智能国际竞争力的迫切需求，新一代人工智能关键共性技术的研发部署要以算法为核心，以数据和硬件为基础，以提升感知识别、知识计算、认知推理、运动执行、人机交互能力为重点，形成开放兼容、稳定成熟的技术体系。

知识计算引擎与知识服务技术。重点突破知识加工、深度搜索和可视交互核心技术,实现对知识持续增量的自动获取,具备概念识别、实体发现、属性预测、知识演化建模和关系挖掘能力,形成涵盖数十亿实体规模的多源、多学科和多数据类型的跨媒体知识图谱。

跨媒体分析推理技术。重点突破跨媒体统一表征、关联理解与知识挖掘、知识图谱构建与学习、知识演化与推理、智能描述与生成等技术,实现跨媒体知识表征、分析、挖掘、推理、演化和利用,构建分析推理引擎。

群体智能关键技术。重点突破基于互联网的大众化协同、大规模协作的知识资源管理与开放式共享等技术,建立群智知识表示框架,实现基于群智感知的知识获取和开放动态环境下的群智融合与增强,支撑覆盖全国的千万级规模群体感知、协同与演化。

混合增强智能新架构与新技术。重点突破人机协同的感知与执行一体化模型、智能计算前移的新型传感器件、通用混合计算架构等核心技术,构建自主适应环境的混合增强智能系统、人机群组混合增强智能系统及支撑环境。

自主无人系统的智能技术。重点突破自主无人系统计算架构、复杂动态场景感知与理解、实时精准定位、面向复杂环境的适应性智能导航等共性技术,无人机自主控制及汽车、船舶和轨道交通自动驾驶等智能技术,服务机器人、特种机器人等核心技术,支撑无人系统应用和产业发展。

虚拟现实智能建模技术。重点突破虚拟对象智能行为建模技术,提升虚拟现实中智能对象行为的社会性、多样性和交互逼真性,实现虚拟现实、增强现实等技术与人工智能的有机结合和高效互动。

智能计算芯片与系统。重点突破高能效、可重构类脑计算芯片和具有计算成像功能的类脑视觉传感器技术,研发具有自主学习能力的高效能类脑神经网络架构和硬件系统,实现具有多媒体感知信息理解和智能增长、常识推理能力的类脑智能系统。

自然语言处理技术。重点突破自然语言的语法逻辑、字符概念表征和深度语义分析的核心技术，推进人类与机器的有效沟通和自由交互，实现多风格、多语言、多领域的自然语言智能理解和自动生成（图4-7）。

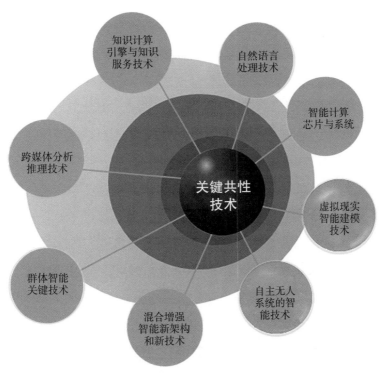

**图4-7 建立新一代人工智能关键共性技术体系**

专栏 4-2 **关键共性技术**

1. 知识计算引擎与知识服务技术

研究知识计算和可视交互引擎，研究创新设计、数字创意和以可视媒体为核心的商业智能等知识服务技术，开展大规模生物数据的知识发现。

2. 跨媒体分析推理技术

研究跨媒体统一表征、关联理解与知识挖掘、知识图谱构建与学习、知识演化与推理、智能描述与生成等技术，开发跨媒体分析推理引擎与验证系统。

3. 群体智能关键技术

开展群体智能的主动感知与发现、知识获取与生成、协同与共享、评估与演化、人机整合与增强、自我维持与安全交互等关键技术研究，构建群智空间的服务体系结构，研究移动群体智能的协同决策与控制技术。

4. 混合增强智能新架构和新技术

研究混合增强智能核心技术、认知计算框架，新型混合计算架构，人机共驾、在线智能学习技术，平行管理与控制的混合增强智能框架。

5. 自主无人系统的智能技术

研究无人机自主控制和汽车、船舶、轨道交通自动驾驶等智能技术，服务机器人、空间机器人、海洋机器人、极地机器人技术，无人车间/智能工厂智能技术，高端智能控制技术和自主无人操作系统。研究复杂环境下基于计算机视觉的定位、导航、识别等机器人及机械手臂自主控制技术。

6. 虚拟现实智能建模技术

研究虚拟对象智能行为的数学表达与建模方法，虚拟对象与虚拟环境和用户之间进行自然、持续、深入交互等问题，智能对象建模的技术与方法体系。

7. 智能计算芯片与系统

研发神经网络处理器及高能效、可重构类脑计算芯片等，新型感知芯片与系统、智能计算体系结构与系统、人工智能操作系统。研究适合人工智能的混合计算架构等。

8. 自然语言处理技术

研究短文本的计算与分析技术，跨语言文本挖掘技术和面向机器认知智能的语义理解技术，多媒体信息理解的人机对话系统。

## 3. 统筹布局人工智能创新平台

建设布局人工智能创新平台，强化对人工智能研发应用的基础支撑。人工智能开源软硬件基础平台重点建设支持知识推理、概率统计、深度学习等人工智能范式的统一计算框架平台，形成促进人工智能软件、硬件和智能云之间相互协同的生态链。群体智能服务平台重点建设基于互联网大规模协作的知识资源管理与开放式共享工具，形成面向产学研用创新环节的群智众创平台和服务环境。混合增强智能支撑平台重点建设支持大规模训练的异构实时计算引擎和新型计算集群，为复杂智能计算提供服务化、系统化平台和解决方案。自主无人系统支撑平台重点建设面向自主无人系统复杂环境下环境感知、自主协同控制、智能决策等人工智能共性核心技术的支撑系统，形成开放式、模块化、可重构的自主无人系统开发与试验环境。人工智能基础数据与安全检测平台重点建设面向人工智能的公共数据资源库、标准测试数据集、云服务平台等，形成人工智能算法与平台安全性测试评估的方法、技术、规范和工具集。促进各类通用软件和技术平台的开源开放。各类平台要按照军民深度融合的要求和相关规定，推进军民共享共用（图4-8）。

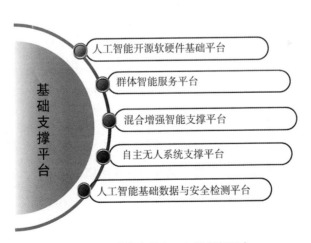

**图4-8　统筹布局人工智能创新平台**

**专栏 4-3** **基础支撑平台**

1. 人工智能开源软硬件基础平台

建立大数据人工智能开源软件基础平台、终端与云端协同的人工智能云服务平台、新型多元智能传感器件与集成平台、基于人工智能硬件的新产品设计平台、未来网络中的大数据智能化服务平台等。

2. 群体智能服务平台

建立群智众创计算支撑平台、科技众创服务系统、群智软件开发与验证自动化系统、群智软件学习与创新系统、开放环境的群智决策系统、群智共享经济服务系统。

3. 混合增强智能支撑平台

建立人工智能超级计算中心、大规模超级智能计算支撑环境、在线智能教育平台、"人在回路"驾驶脑、产业发展复杂性分析与风险评估的智能平台、支撑核电安全运营的智能保障平台、人机共驾技术研发与测试平台等。

4. 自主无人系统支撑平台

建立自主无人系统共性核心技术支撑平台，无人机自主控制及汽车、船舶和轨道交通自动驾驶支撑平台，服务机器人、空间机器人、海洋机器人、极地机器人支撑平台，智能工厂与智能控制装备技术支撑平台等。

5. 人工智能基础数据与安全检测平台

建设面向人工智能的公共数据资源库、标准测试数据集、云服务平台，建立人工智能算法与平台安全性测试模型及评估模型，研发人工智能算法与平台安全性测评工具集。

2017年11月，科技部正式宣布首批国家新一代人工智能开放创新平台名单：依托百度公司建设自动驾驶国家新一代人工智能开放创新平台，依托阿里云公司建设城市大脑国家新一代人工智能开放创新平台，依托腾讯公司建设医疗影像国家新一代人工智能开放创新平台，依托科大讯飞公司建设智能语音国家新一代人工智能开放创新平台。2018 年 9 月，科技部再次宣布，依托商汤科技建设智能视觉国家新一代人工智能开放创新平台。使得商汤科技成为继阿里云公司、百度公司、腾讯公司、科大讯飞公司之后的第五大国家人工智能开放创新平台（图 4-9）。

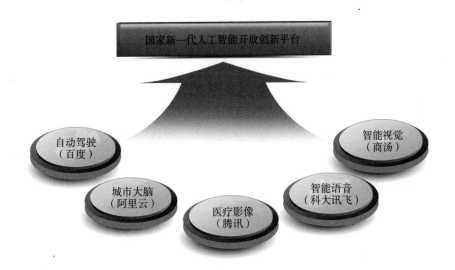

**图 4-9　国家新一代人工智能开放创新平台**

（1）自动驾驶国家新一代人工智能开放创新平台

百度将在 Apollo（阿波罗）平台的基础上，用 3 ～ 5 年打造成国家级自动驾驶系统级开放创新平台。Apollo 开放平台是汽车界的安卓系统，并且比安卓更开放、更强大，对于整个汽车工业的贡献将是巨大的。Apollo 是中国的，也是世界的，Apollo 有能力实现中国现代历史中第一次以中国的公司、中国的技术来引领世界级产业。

开放能力——Apollo 是一个开放、完整、安全的平台，将帮助汽车行业及自动驾驶领域的合作伙伴结合车辆和硬件系统，快速搭建一套属于自己的自动驾驶系统。

共享资源、加速创新——Apollo 开放平台，提供技术领先、覆盖广、高自动化的高精地图服务；全球唯一开放，拥有海量数据的仿真引擎；全球开放数据量第一，基于深度学习自动驾驶算法 End-to-End。

持续共赢——Apollo 开放平台，可以更快地研发、测试和部署自动驾驶车辆。参与者越多，积累的行驶数据就越多。与封闭的系统相比，Apollo 能以更快的速度成熟，让每个参与者得到更多的受益。

(2) 城市大脑国家新一代人工智能开放创新平台

城市大脑建设思路：ET 城市大脑利用实时全量的城市数据资源全局优化城市公共资源，即时修正城市运行缺陷，实现城市治理模式、服务模式和产业发展的三重突破。

城市治理模式突破——提升政府管理能力，解决城市治理突出问题，实现城市治理智能化、集约化、人性化。

城市服务模式突破——更精准地随时随地服务企业和个人，城市的公共服务更加高效，公共资源更加节约。

城市产业发展突破——开放的城市数据资源是重要的基础资源，对产业发展发挥催生带动作用，促进传统产业转型升级。

(3) 医疗影像国家新一代人工智能开放创新平台

依托腾讯开放平台聚集 1300 万合作伙伴的资源优势，以及腾讯觅影在智能医疗领域取得的技术突破，医疗影像国家新一代人工智能开放创新平台将从创新创业、全产业链合作、学术科研、惠普公益 4 个维度驱动合作和创新。

在创新创业方面，联合腾讯开放平台的"人工智能加速器"，腾讯公司将开放人工智能技术、投资、导师、产业资源、市场五大资源，开启人工智能创业者学员招募，助力专注于人工智能医疗的创业团队打磨自身人工智能产品，完成项目升级。

在全产业链合作方面，腾讯觅影目前已经与国内众多三甲医院建立了人工智能医学实验室，医学专家与腾讯人工智能专家一起合作推进人工智能技术在医学领域的探索。以此为基础，医疗影像国家新一代人工智能开放创新平台将进一步连接高等院校、科研团队、医学专家、人工智能影像创业团队等研发力量，利用觅影引擎、腾讯云和人工智能等技术能力，为医疗机构、器械厂商、信息化厂商、影像云、人工智能创业公司提供更强大、更多元化的人工智能技术力量。

在学术科研方面，医疗影像国家新一代人工智能开放创新平台将通过联合课题研究、前沿应用探索和跨行业学术研究，与国内外医学专家和学术期刊共同为"智能 + 医疗"学术科研出谋划策。中国工程院院士、国家消化病临床医学研究中心主任李兆申，中国医学科学院、北京协和医学院教授乔友林，北京大学肿瘤医院、北京大学临床肿瘤学院院长、北京市肿瘤防治研究所所长季加孚，四川大学华西医院教授、中国医学装备协会病理分会副主委郑众喜，中华医学会放射学会主任委员、中国协和医科大学北京协和医院放射科主任金征宇等医学名家受邀，成为腾讯觅影的特邀高级学术顾问。此外，腾讯公司还宣布与国际医学出版社 AME 达成战略合作，联合出品专注人工智能医学研究的学术期刊，以推动人工智能医学科研成果的产品化进程。此前，腾讯 AI Lab 还与国际领先的学术与教育出版集团施普林格·自然集团（Springer Nature）达成战略合作，共同推动"智能 + 医疗"领域的跨学科研究，探讨通过学术奖金、产学研交流等多种形式，整合全球科研资源，支持医疗行业与人工智能研究的跨学科合作。

在惠普公益方面，继 2017 年 12 月携手揭阳市政府、腾讯公益基金会及揭阳市人民医院等合作方，利用腾讯觅影启动全国首个早期食管癌公益筛查后，腾讯公司今年将进一步推动"科技 + 公益"新模式。近期，腾讯公司携手全球领先的制药公司阿斯利康等合作伙伴，在无锡市政府、无锡市卫生健康委员会的指导下，由李兆申院士带领，共同构建消化道肿瘤防治中心（GICC）平台，推动试点医联体建设和胃癌早筛试点，腾讯觅影的人工智能助力无锡消化道肿瘤防治中心（GICC）实施早期胃癌公益筛查项目，进一步落实在基层医院展开早期癌症公益筛查。

（4）智能语音国家新一代人工智能开放创新平台

科大讯飞推出的以语音交互技术为核心的人工智能开放平台，作为全球首个开放的智能交互技术服务平台，致力于为开发者打造一站式智能人机交互解决方案。用户可通过互联网、移动互联网，使用任何设备，在任何时间、任何地点，随时随地享受讯飞开放平台提供的"听、说、读、写……"等全方位的人工智能服务。目前，开放平台以"云＋端"的形式向开发者提供语音合成、语音识别、语音唤醒、语义理解、人脸识别、个性化彩铃、移动应用分析等多项服务。

国内外企业、中小创业团队和个人开发者，均可在讯飞开放平台直接体验世界领先的语音技术，并简单快速地集成到产品中，让产品具备"能听、会说、会思考、会预测"的功能。

（5）智能视觉国家新一代人工智能开放创新平台

目前，基于深度学习的人工智能技术主要应用聚焦在计算机视觉、语音识别和语义理解三大领域。作为信息交互的重要载体，人类 80% 以上的信息都来源于视觉，因此，发展智能视觉技术具有重大意义。

智能视觉国家新一代人工智能开放创新平台依托商汤科技打造一个开放共享的智能视觉开放创新平台，加速计算机视觉技术在诸多行业的应用落地。

**4. 加快培养聚集人工智能高端人才**

把高端人才队伍建设作为人工智能发展的重中之重，坚持培养和引进相结合，完善人工智能教育体系，加强人才储备和梯队建设，特别是加快引进全球顶尖人才和青年人才，形成我国人工智能人才高地（图 4-10）。

培育高水平人工智能创新人才和团队。支持和培养具有发展潜力的人工智能领军人才，加强人工智能基础研究、应用研究、运行维护等方面专业技术人才培养。重视复合型人才培养，重点培养贯通人工智能理论、方法、技术、产品与应用等的纵向复合型人才，以及掌握"人工智能＋"经济、社会、管理、标准、法律等的横向复合型人才。通过重大研发任务和基地平台建设，汇聚人工智能高端人才，在若干人工智能重点领域形成一批高水平创新团队。鼓励和引导国内创新人才、团队加强与全球顶尖人工智能研究机构合作互动。

**图 4-10 加快培养聚集人工智能高端人才**

加大高端人工智能人才引进力度。开辟专门渠道，实行特殊政策，实现人工智能高端人才精准引进。重点引进神经认知、机器学习、自动驾驶、智能机器人等国际顶尖科学家和高水平创新团队。鼓励采取项目合作、技术咨询等方式柔性引进人工智能人才。统筹利用"千人计划"等现有人才计划，加强人工智能领域优秀人才特别是优秀青年人才引进工作。完善企业人力资本成本核算相关政策，激励企业、科研机构引进人工智能人才。

建设人工智能学科。完善人工智能领域学科布局，设立人工智能专业，推动人工智能领域一级学科建设，尽快在试点院校建立人工智能学院，增加人工智能相关学科方向的博士、硕士招生名额。鼓励高校在原有基础上拓宽人工智能专业教育内容，形成"人工智能 +X"复合专业培养新模式，重视人工智能与数学、计算机科学、物理学、生物学、心理学、社会学、法学等学科专业教育的交叉融合。加强产学研合作，鼓励高校、科研院所与企业等机构合作开展人工智能学科建设。

## 二、培育高端高效的智能经济

加快培育具有重大引领带动作用的人工智能产业，促进人工智能与各产业领域深度融合，形成数据驱动、人机协同、跨界融合、共创分享的智能经济形态。数据和知识成为经济增长的第一要素，人机协同成为主流生产和服务方式，跨界融合成为重要经济模式，共创分享成为经济生态基本特征，个性化需求与定制成为消费新潮流，生产率大幅提升，引领产业向价值链高端迈进，有力支撑实体经济发展，全面提升经济发展质量和效益（图 4-11）。

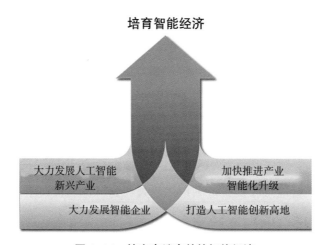

图 4-11　培育高端高效的智能经济

### 1. 大力发展人工智能新兴产业

加快人工智能关键技术转化应用，促进技术集成与商业模式创新，推动重点领域智能产品创新，积极培育人工智能新兴业态，布局产业链高端，打造具有国际竞争力的人工智能产业集群（图 4-12）。

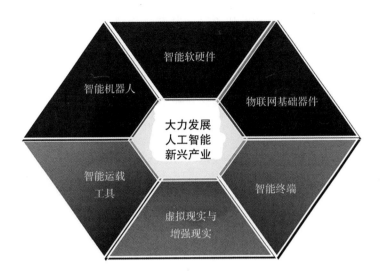

**图 4-12 大力发展人工智能新兴产业**

（1）智能软硬件

人工智能的驱动因素主要是算法/技术驱动、数据/计算、场景和颠覆性商业模式驱动。随着算法的升级、大数据的爆炸式增长和应用场景的落地，可以预测，未来几年人工将呈现指数级别的爆发式增长。

纵观世界科技发展史，许多技术在第一阶段发展缓慢，长时间感受不到升级。甚至，通常会与直线型增长预期有偏差。直到第二阶段，突然在某个时间点上出现快速发展，一下子追上直线型增长水平。而当万事俱备之际，第三阶段将会迅猛发展，无限接近垂直型增长——眼前的新一代人工智能就是如此。

为了更好地迎接人工智能指数级的增长，我们需要培育壮大面向人工智能应用的基础软硬件产业。主要包括：开发面向人工智能的操作系统、数据库、中间件、开发工具等关键基础软件，突破图形处理器等核心硬件，研究图像识别、语音识别、机器翻译、智能交互、知识处理、控制决策等智能系统解决方案。

硬件主要包括 CPU、GPU 等通用芯片，深度学习、类脑等人工智能芯片，以及传感器、存储器等感知存储硬件。软件平台可细分为开放平台、应用软件等，开放平台主要是指面向开发者的机器学习开发及基础功能框架，如 TensorFlow 开源开发框架、百度 PaddlePaddle 开源深度学习平台，以及科大讯飞、腾讯、阿里巴巴等公司的技术开放平台；应用软件主要包括计算机视觉、自然语言处理、人机交互等软件工具及应用这些工具开发的相关应用软件。

（2）智能机器人

从机器人发展历程上看，最先成熟、最先大规模得到应用的是工业机器人，因为它的功能比较单一，基本是为了完成一项简单重复性的工作。工业机器人主要是替代工人的一些危险性作业、污染环境中工作或者简单重复性工作，目的在于提升生产安全性和提高产品质量，从而提升生产效率，因此，得以在制造业领域广泛被采用。

相对而言，个人／家用服务机器人包括家政服务机器人、教育娱乐服务机器人、养老助残服务机器人、个人运输服务机器人和安防监控机器人等。人工智能的兴起推动了家政行业的智能化，个人／家用机器人的应用更加广泛。日本软银公司推出的陪护机器人，有学习能力，可表达情感，会说话，能看护婴幼儿和患者，甚至在聚会时给人做伴，更具备不同的场景需要，可实现家居布防、亲情陪护、健康监测、远程监控、主动提醒、居家娱乐、启蒙早教、应急报警、语言学习等诸多服务，是儿童的玩伴及老年人的贴心守护者。

我国智能机器人产业技术水平在最近几年持续提升。在工业机器人领域，新松、埃夫特等本土工业机器人第一梯队企业，其相关产品逐步获得市场认可。其中，新松集团将人工智能和虚拟现实技术应用于国内首台7自由度协作机器人，实现了快速配置、牵引示教、视觉引导、碰撞检测等功能。在服务机器人领域，我国服务机器人的智能化水平已基本可与国际先进水平媲美，涌现一批具有竞争力的创新创业企业。在特种机器人领域，开诚智能、GQY 视讯、海伦哲等企业创新活跃，技术水平不断进步，在室内定位、高精度定位导航与避障、汽车底盘危险物品快速识别等技术领域取得了突破。

下一步发展智能机器人，首先要攻克智能机器人核心零部件、专用传感器，完善智能机器人硬件接口标准、软件接口协议标准及安全使用标准。研制智能工业机器人、智能服务机器人，实现大规模应用并进入国际市场。研制和推广空间机器人、海洋机器人、极地机器人等特种智能机器人。建立智能机器人标准体系和安全规则。

（3）智能运载工具

智能运载工具主要是指发展自动驾驶汽车和轨道交通系统，加强车载感知、自动驾驶、车联网、物联网等技术集成和配套，开发交通智能感知系统，形成我国自主的自动驾驶平台技术体系和产品总成能力，探索自动驾驶汽车共享模式。发展消费类和商用类无人机、无人船，建立试验鉴定、测试、竞技等专业化服务体系，完善空域、水域管理措施。

无人驾驶技术已经被充分证实，它在操作时效性、精确性和安全性等方面相比人类驾驶具有无比的优越性，而且不会出现人为操作失误的情况。所以，人们完全有信心认为：无人驾驶汽车每年能大幅减少全球交通事故人员伤亡和节省巨额的相关费用。

自动驾驶汽车只是智能运载工具之一。智能运载工具还包括无人机、无人船等，目前，智能运载工具应用处于迅速发展阶段，无人机和无人船的发展较成熟，已有初步应用。

无人机应用领域从拍摄、搬运，扩展到调查、巡检、测绘，乃至救灾、救险、安防和军事。目前，部分消费级无人机已能通过传感器、摄像头等进行自动避障，同时还能依靠机器视觉对飞行环境进行检测，分析所处环境特征从而实现自我规划路径。2016 年，Intel 通过智能算法成功实现 500 架多旋翼无人机上演空中编队灯光秀，消费级无人机开始向更高级别的无人机智能化迈进。我国作为全球无人机第一制造大国，深圳大疆公司占全球消费无人机 70% 的市场份额。

（4）虚拟现实与增强现实

虚拟现实与增强现实也是新一代人工智能新兴产业之一。虚拟现实（VR）的核心技术是以图像识别为代表的人工智能技术。增强现实技术（AR）是一种实时计算摄影机影像的定位及角度并加上相应图像的技术，这种技术的目标是在屏幕上把虚拟世界套在现实世界中并进行互动，典型产品如 Google 眼镜、微软的 HoloLens 等。通过图像识别技术使得增强现实设备能够识别三维立体图像，判断其定位，并能够准确地投影在物体上。

利用人工智能可以实现人机交互，极大地增强用户的体验。在虚拟现实与增强现实设备上应用图像识别、语音识别、语义理解技术，可以准确感知人的行为和发出的指令，从而马上对指令进行执行。例如，用户想查找看到的一幢建筑物的资料，通过语音命令，虚拟现实与增强现实设备很快就能将关于建筑的虚拟文字资料显示在此建筑物旁边。

近年来，虚拟现实与增强现实技术得到了快速发展，在各个领域都有具体的应用。例如，在工业领域可以采用虚拟现实与增强现实技术进行设备的维修保养。工作人员佩戴智能眼镜之后，会在空间上实时显示所需信息，对于工业设备的售后服务维修提供了很多方便，提升了服务质量，缩短了维修时间，降低了用户成本。

根据工业和信息化部的预测，到 2020 年，我国虚拟现实产业链条基本健全，在经济社会重要行业领域的应用得到深化，建设若干个产业技术创新中心，核心关键技术创新取得显著突破，打造一批可复制、可推广、成效显著的典型示范应用和行业应用解决方案，创建一批特色突出的虚拟现实产业创新基地，初步形成技术、产品、服务、应用协同推进的发展格局。

到 2025 年，我国虚拟现实产业整体实力进入全球前列，掌握虚拟现实关键核心专利和标准，形成若干具有较强国际竞争力的虚拟现实骨干企业，创新能力显著增强，应用服务供给水平大幅提升，产业综合发展实力实现跃升，虚拟现实应用能力显著提升，推动经济社会各领域发展质量和效益显著提高。

发展虚拟现实与增强现实，首先，要突破高性能软件建模、内容拍摄生成、增强现实与人机交互、集成环境与工具等关键技术；其次，要研制虚拟显示器件、光学器件、高性能真三维显示器、开发引擎等产品；最后，还要建立虚拟现实与增强现实的技术、产品、服务标准和评价体系，推动重点行业融合应用。

(5) 智能终端

以智能手机为代表的智能终端正在快速普及，很多人都已经开始用上了智能终端，开始享受智能化应用给生活带来的改变。除了手机、平板这些产品之外，生活中的很多产品也都逐渐开始了智能化的趋势。智能终端及移动互联网应用，是数字经济的重要入口和网络化、智能化的实现载体，大力培育和发展智能终端等新兴产业集群，是推动我国经济新旧动能转换、实现高质量发展的必然要求。人工智能已成为国际社会竞相布局的战略性领域，是引领智能终端产业从智能时代走向智慧时代的关键技术。目前，我国智能终端产业和人工智能的结合还处于初期阶段，更多体现在拍照、系统调用等功能上。

按照《新一代人工智能发展规划》部署，未来作为一项人工智能新兴产业，将重点鼓励发展智能终端，加快智能终端核心技术和产品研发，发展新一代智能手机、车载智能终端等移动智能终端产品和设备，鼓励开发智能手表、智能耳机、智能眼镜等可穿戴终端产品，拓展产品形态和应用服务。

终端企业要勇立潮头，积极布局人工智能，加强机器学习、核心算法等关键技术的研发，推动智能终端产业创新升级。与此同时，大量基于人工智能的应用离不开广大开发者的支持，终端企业要通过开发者计划、联盟机构等多种形式培育良好的应用生态圈。跨界、融合、创新已经成为智能终端产业的关键词。特别是进入 5G 和人工智能时代，各个环节相互渗透，突出表现在通信技术和人工智能技术相互交融，终端变得更加智慧；智能手机和智能硬件形态相互渗透，终端形态更加丰富；终端产业和传统制造业的结合更为紧密。同时，核心芯片、关键器件、应用开发及生产制造多个环节的联系日益紧密。我国智能终端产业链各环节要进一步加强开放协作创新，拓展产业发展空间。

(6) 物联网基础器件

物联网在几年前就备受社会各界关注，物联网与其他新技术，如大数据、人工智能的深度融合，将形成诸多平台解决方案。人工智能将提供能够分析物联网设备收集的大数据的算法，识别各种模式，进行智能预测和智能决策。

为实现物与物相连，物联网有4项关键性技术：射频识别技术（RFID）、传感器技术、嵌入式系统和微机电（纳米机电）系统。

以传感器为例，传感器是负责实现物联网中物与物、物与人信息交互的必要组成部分。获取信息靠各类传感器，包括各种物理量、化学量或生物量的传感器。传感器的功能与品质决定了传感系统获取自然信息的信息量和信息质量，是高品质传感技术系统构造的第一个关键。信息处理包括信号的预处理、后置处理、特征提取与选择等。识别的主要任务是对经过处理的信息进行辨识与分类。它利用被识别（或诊断）对象与特征信息间的关联关系模型对输入的特征信息集进行辨识、比较、分类和判断。因此，传感技术包含了众多的高新技术，被众多的产业广泛采用。其中，微型无线传感技术及以此组件的传感网是物联网感知层的重要技术手段。

因此，发展人工智能新兴产业，必然要发展支撑新一代物联网的高灵敏度、高可靠性智能传感器件和芯片，攻克射频识别、近距离机器通信等物联网核心技术和低功耗处理器等关键器件。

**2. 加快推进产业智能化升级**

推动人工智能与各行业融合创新，在制造、农业、物流、金融、商务、家居等重点行业和领域开展人工智能应用试点示范，推动人工智能规模化应用，全面提升产业发展智能化水平（图4-13）。

（1）智能制造

自20世纪70年代开始，计算机控制系统的应用推动生产过程自动化水平不断提升。近年来，随着数字技术范畴的迅速扩大，软件与云计算、大数据分析及机器学习等一起，成为数字技术的重要组成部分。尼尔斯·尼尔森（Nils J. Nilsson）教授作为早期从事人工智能和机器人研究的国际知名学者，曾经这样给人工智能下定义："人工智能就是致力于让机器变得智能的活动，而智能就是使实体在其环境中有远见地、适当地实现功能性的能力。"

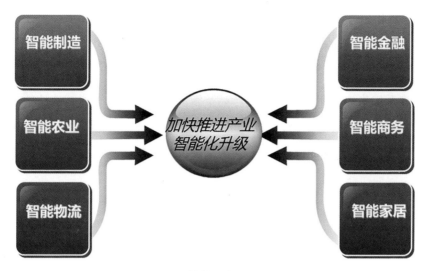

**图4-13 加快推进产业智能化升级**

当前，在全球范围内，大量资本正涌入人工智能，特别是机器学习领域。渐趋复杂的算法、日益强大的计算机、激增的数据及提升的数据存储性能，为该领域在不久的将来实现质的飞越奠定了基础。尽管如此，人工智能及其他颠覆性技术主要还是集中于消费领域，要真正实现以科技创新重塑中国经济，这些前沿技术在工业领域及企业间的大规模应用则更为关键。

相比消费者相关的数据，机器生成的数据通常更为复杂，多达40%的数据甚至没有相关性。而企业必须拥有大量的高质量、结构化数据，通过算法进行处理，除此之外没有捷径可循。

革命性的技术创新与制造业的融合充满挑战，但潜在的收益无比巨大，能够帮助企业寻求最优的解决方案，应对积弊，创造价值。例如，设备预测性维护，优化任务流程，实现生产线自动化，减少误差与浪费，提高生产效率，缩短交付时间及提升客户体验。

以工业机器人为例，其在未来制造业中的应用也拥有巨大的发展空间。随着智能组件和传感器技术的进步，我们可以借助机器学习开发机器人编程的新方式，通过赋予机器人一定的思考和自我学习能力，使其能够更加灵活地满足大规模订制化生产的需求。

未来,人工智能将在重塑中国制造业的征程中发挥重要作用。因此,我们要围绕制造强国重大需求,推进智能制造关键技术装备、核心支撑软件、工业互联网等系统集成应用,研发智能产品及智能互联产品、智能制造使能工具与系统、智能制造云服务平台,推广流程智能制造、离散智能制造、网络化协同制造、远程诊断与运维服务等新型制造模式,建立智能制造标准体系,推进制造全生命周期活动智能化。

(2)智能农业

在农民持续减少的背景下,利用人工智能技术实现智能农业将是最好的一项选择。

智能农业主要是指通过农业智能传感与控制系统、智能化农业装备、农机田间作业自主系统,以卫星遥感技术、无人机航拍及传感器等手段来收集气候气象、农作物、土地土壤及病虫害等各种数据,通过天空地一体化的智能农业信息遥感监测网络采集的大数据进行分析挖掘,为农场、合作社及大型农业企业提供农业大数据智能决策分析系统服务等。

未来发展智能农业主要是指研制农业智能传感与控制系统、智能化农业装备、农机田间作业自主系统等。建立完善天空地一体化的智能农业信息遥感监测网络。建立典型农业大数据智能决策分析系统,开展智能农场、智能化植物工厂、智能牧场、智能渔场、智能果园、农产品加工智能车间、农产品绿色智能供应链等集成应用示范。

(3)智能物流

近 10 年来,电子商务、新零售、C2M 等各种新型商业模式快速发展,同时,消费者需求也从单一化、标准化,向差异化、个性化转变,这些变化对物流服务提出了更高的要求。

电子商务的快速发展带动了物流快递业从 2007 年开始连续 9 年保持 50% 左右高速增长,2016 年业务量突破 300 亿件大关,达到 313.5 亿件。行业爆发式增长的业务量对物流行业更高的包裹处理效率及更低的配送成本提出了要求。

2018年"双十一"期间，包裹数量超过10亿件，阿里巴巴研究院预计2020年网络零售额将超过10万亿元。随着阿里巴巴倡导的"新零售"的兴起，企业以互联网为依托，通过运用大数据、人工智能等先进技术手段，对线上服务、线下体验及现代物流进行深度融合的零售新模式。在这一模式下，企业将产生如利用消费者数据合理优化库存布局，实现零库存，以及利用高效网络妥善解决可能产生的逆向物流等诸多智能物流需求。

在人工智能时代，物流行业与人工智能结合将形成"智能物流"，将改变物流行业原有的市场环境与业务流程，将涌现一批新的物流模式和业态，如货运动态匹配、运力动态调度等。基础运输条件的完善及智能化的进一步提升激发了多式联运模式的快速发展。新的运输运作模式正在形成，与之相适应的智能配货调度体系快速增长。

智能物流是指通过智能硬件、物联网、大数据等智能化技术与手段，提高物流系统分析决策和智能执行的能力，提升整个物流系统的智能化、自动化水平。

智能物流集多种服务功能于一体，体现了现代经济运作特点的需求，即强调信息流与物质流快速、高效、通畅地运转，从而实现降低社会成本、提高生产效率、整合社会资源的目的。

发展智能物流，下一步主要是加强智能化装卸搬运、分拣包装、加工配送等智能物流装备研发和推广应用，建设深度感知智能仓储系统，提升仓储运营管理水平和效率。完善智能物流公共信息平台和指挥系统、产品质量认证及追溯系统、智能配货调度体系等。

（4）智能金融

金融业是所有产业中收益相对较高，也是对市场反应较为敏感的产业，金融信息化的建设一直是技术与商业探索的热点。近年来，基于普惠金融等需求，国家对金融提出了自动化和智能化的发展要求，银行业最早尝试利用人工智能打造智能化运维体系，推动科技与金融融合。

人工智能已被广泛应用到银行、投资、信贷、保险和监管等多个金融业务场景。目前，传统金融机构、大型互联网公司和人工智能公司纷纷布局金融领域，智慧银行、智能投顾、智能投研、智能信贷、智能保险和智能监管是当前人工智能在金融领域的主要应用，分别作用于银行运营、投资理财、信贷、保险和监管等业务场景，但整体来看，人工智能在金融领域的应用尚不成熟。应用在金融领域的人工智能相关技术主要包括机器学习、生物识别、自然语言处理、语音识别和知识图谱等技术。尽管目前的智能金融应用场景还处于起步阶段，大部分是人机结合式的，人工智能应用对金融业务主要起辅助性作用。但是，金融业务场景和技术应用场景都具有很强的创新潜力，长远来看，在金融投顾、智能客服等应用方面对行业可能产生颠覆性影响。

人工智能拓展了金融服务广度和深度，智能金融是人工智能与金融的全面融合。智能金融是以人工智能等高科技为核心要素，全面赋能金融机构，提升金融机构的服务效率，拓展金融服务的广度和深度，实现金融服务的智能化、个性化和定制化。提升内部效率，降低沟通成本，同时提供更多的渠道来服务于金融客户是智能金融的根本出发点。可以说，智能金融正是新一代人工智能金融发展的必然趋势。

按照《新一代人工智能发展规划》中的要求，未来金融体系要建立金融大数据系统，提升金融多媒体数据处理与理解能力；创新智能金融产品和服务，发展金融新业态；鼓励金融行业应用智能客服、智能监控等技术和装备；建立金融风险智能预警与防控系统。

(5) 智能商务

新一代信息技术在商务中的地位正在由业务支撑工具逐步走向中心性地位，在很大程度上影响着企业如何开展商务和创造新的价值。企业要求信息技术系统不仅能够支撑特定商务的执行，而且还能够创造出新的价值，跟随业务变化而变化，成为快速创新的动力。这时候，人工智能开始在智能商务领域为企业成长和发展壮大贡献力量。

商务对人工智能有以下几种需求。

①广泛互联的能力：连接客户、合作伙伴，赋予员工新的能力。通过将内部员工、合作伙伴和客户的数据进行整合，并进行加工和提炼后，供内部员工、合作伙伴和客户使用，商业智能系统提升了三者业务上互相衔接的能力。

②适应变化的能力：随着业务的发展而变化，促进而非阻碍业务发展。

③创造价值的能力：在业务的各个不同层面上创造价值。商业智能系统为企业各个不同层面的人提供合适的工具和信息，使得获取准确信息和做出明智决策的能力不仅仅局限于决策层，而是所有人员，从而全方位增强企业决策能力，全面创造价值。

毫无疑问，下一代智能商务应该鼓励跨媒体分析与推理、知识计算引擎与知识服务等新技术在商务领域应用，推广基于人工智能的新型商务服务与决策系统。建设涵盖地理位置、网络媒体和城市基础数据等的跨媒体大数据平台，支撑企业开展智能商务。鼓励围绕个人需求、企业管理提供定制化商务智能决策服务。

(6) 智能家居

智能家居是人们的一种居住环境，其以住宅为平台安装有智能家居系统，实现家庭生活更加安全、节能、智能、便利和舒适。以住宅为平台，利用综合布线技术、网络通信技术、安全防范技术、自动控制技术、音视频技术将家居生活有关的设施集成，构建高效的住宅设施与家庭日程事务的管理系统，提升家居安全性、便利性、舒适性、艺术性，并实现环保节能的居住环境。

传统家居受到物理空间、操作方式等因素限制，操作相对烦琐，智能家居允许多种方式控制，减少了人的操作；传统家居需要手动调节和控制，智能家居具备许多人性化的功能，自动反馈的联动控制让家庭生活更加舒适；传统家居多采用物理安防，智能家居不仅能够实施远程监控，更可以基于生物特征的身份识别提高家庭安全级别；传统家居的节能依靠人的自觉，智能家居用传感器将家电、门窗、水汽统筹起来，依据环境自动做出合理安排。

近年来，家居生活正在不断走向智能化。人工智能在家居领域的应用场景主要包括智能家电、家庭安防监控、智能家居控制中心等，通过将生物特征识别、自动语音识别、图像识别等人工智能技术应用到传统家居产品中，实现家居产品智能化升级，全面打造智慧家庭。智能家居产品已相对成熟，未来市场发展空间巨大。

在《新一代人工智能发展规划》中，也要求加强人工智能技术与家居建筑系统的融合应用，提升建筑设备及家居产品的智能化水平。研发适应不同应用场景的家庭互联互通协议、接口标准，提升家电、耐用品等家居产品感知和联通能力。支持智能家居企业创新服务模式，提供互联共享解决方案。

**3. 大力发展智能企业**

发展智能企业主要从 3 个方面着手，即大规模推动企业智能化升级、推广应用智能工厂、加快培育人工智能产业领军企业（图 4-14）。

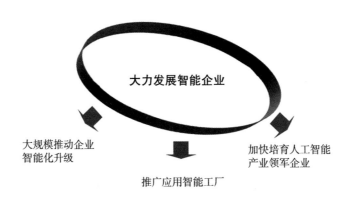

**图 4-14 大力发展智能企业**

（1）大规模推动企业智能化升级

支持和引导企业在设计、生产、管理、物流和营销等核心业务环节应用人工智能新技术，构建新型企业组织结构和运营方式，形成制造与服务、金融智能化融合的业态模式，发展个性化定制，扩大智能产品供给。鼓励大型互联网企业建设云制造平台和服务平台，面向制造企业在线提供关键工业软件和模型库，开展制造能力外包服务，推动中小企业智能化发展。

人工智能在云计算、物联网和大数据等基础设施的支撑下，促进了"企业"的智能化。

①云计算：在一些有固定数学优化模型、需要大量计算、但无须进行知识推理的地方，如设计结果的工程分析、高级计划排产、模式识别等，通过云计算技术，可以更快地给出更优的方案，有助于提高设计与生产效率，降低成本，并提高能源利用率。

②物联网：以数控加工过程为例，"机床 / 工件／刀具"系统的振动、温度变化对产品质量有重要影响，需要自适应调整工艺参数，在这方面，物联网传感器对制造工况的主动感知和自动控制能力明显高于工人。因此，应用物联网传感器，实现"感知—分析—决策—执行"的闭环控制，能够显著提高生产制造的质量和效率。同样，一个企业的制造过程中，存在很多动态的、变化的环境，制造系统中的某些要素（设备、检测机构、物料输送和存储系统等）必须能动态地、自动地响应系统变化，这也依赖于制造系统的智能化。

③大数据：随着大数据技术的普及应用，企业竞争力的核心要素正在由资源要素驱动型向信息数据驱动型转变。大数据的典型应用包括产品创新、产品故障诊断与预测、企业供需链优化和产品精准营销等诸多方面。企业能拥有的产品全生命周期数据可能是非常丰富的，通过基于大数据的智能分析方法，将有助于创新或优化企业的研发、生产、运营、营销和管理过程，为企业带来更快的响应速度、更高的效率和更深远的洞察力。

（2）推广应用智能工厂

许多制造企业已开始在多个领域采用智能工厂的流程方式，如利用实时生产和库存数据进行先进计划与排产，或利用虚拟现实技术进行设备维护等。但是，真正的智能工厂是更为整体性的实践，不仅要转变工厂车间，更会影响整个企业和更大范围内的生态系统。智能工厂是整个数字化供应网络不可分割的一部分，能够为制造企业带来多重效益，使之更为有效地适应不断变化的市场环境。采用并实施智能工厂解决方案看起来十分复杂，甚至难以实现。然而，在技术领域迅猛发展和未来趋势快速演变的环境下，制造企业要想保持市场竞争力或颠覆市场竞争格局，向更具弹性、适应性更强的生产系统转变几乎势在必行。制造企业须从大处着眼，充分考虑各种可能，从小处着手进行流程方式的可控调整，并迅速推广扩大运营，逐步达成智能工厂的建设愿景，实现效益提升。

智能工厂具备敏捷的灵活性，可快速适应进度及产品变更，并将其影响降至最低。先进的智能工厂还可根据正在生产的产品及进度进行变更，自动配置设备与物料流程，进而实时掌控这些变更所造成的影响。此外，灵活性还能促使智能工厂在进度与产品发生变更时，最大限度地降低调整幅度，从而提高运行时间与产量，并确保灵活的进度安排。

要建设智能工厂，仅实现资产之间的互联还不够。制造企业还需开发存储、管理、分析数据及根据数据采取行动的方法。此外，企业需要合适的人才来推动智能工厂建设，同时也需确立适当的流程。

加强智能工厂关键技术和体系方法的应用示范，重点推广生产线重构与动态智能调度、生产装备智能网联与智能数据采集、多维人机物协同与互操作等技术，鼓励和引导企业建设工厂大数据系统、网络化分布式生产设施等，实现生产设备网络化、生产数据可视化、生产过程透明化、生产现场无人化，提升工厂运营管理智能化水平。

（3）加快培育人工智能产业领军企业

从腾讯研究院发布的《中美两国人工智能产业发展全面解读》中，可以看出中美企业人数分布的巨大差异。报告显示，截至 2017 年 6 月，美国共有 1078 家人工智能企业，员工数量为 78 700 名；中国有 592 家人工智能企业，员工数量为 39 200 名，约为美国的 50%。

中央层面，在 2017 年 12 发布的《促进新一代人工智能产业发展三年行动计划（2018—2020 年）》中明确提及，在无人机、语音识别、图像识别等优势领域加快打造人工智能全球领军企业和品牌。在智能机器人、智能汽车、可穿戴设备、虚拟现实等新兴领域加快培育一批龙头企业。支持人工智能企业加强专利布局，牵头或参与国际标准制定。推动国内优势企业、行业组织、科研机构、高校等联合组建中国人工智能产业技术创新联盟。支持龙头骨干企业构建开源硬件工厂、开源软件平台，形成集聚各类资源的创新生态，促进人工智能中小微企业发展和各领域应用。支持各类机构和平台面向人工智能企业提供专业化服务。

地方政府层面，以浙江省为例，2019 年 2 月，浙江省印发了《浙江省促进新一代人工智能发展行动计划（2019—2022 年）》（以下简称《计划》）。《计划》提出的行动目标是，力争到 2022 年，浙江省在关键领域、基础能力、企业培育、支撑体系等方面取得显著进步，成为全国领先的新一代人工智能核心技术引领区、产业发展示范区和创新发展新高地。具体包括培育 10 家以上有国际竞争力的人工智能领军企业，100 家以上人工智能行业应用标杆企业，500 家以上人工智能细分领域专精特中小企业。

具体而言，第一，领军企业。支持阿里巴巴、吉利、海康、大华、网易、蚂蚁金服、菜鸟网络、传化智联等智能制造、智能软硬件、智慧金融、智慧物流等龙头企业整合资源，加快面向智能芯片、人工智能关键技术、行业创新应用技术等开发和产业化，打造人工智能生态系统，加强专利布局，牵头或参与国家、国际标准制定。第二，行业标杆企业。在智能安防、智能机器人、智能关键零部件、可穿戴设备、虚拟现实、无人机、语音／图像识别、智能家居等优势领域，加快培育人工智能行业标杆企业 100 家以上。第三，专精特企业。培育人工智能细分领域有竞争力的专精特中小企业 500 家以上。

### 4. 打造人工智能创新高地

发展智能经济还需要调动各地方政府的积极性，打造人工智能创新高地，结合各地区基础和优势，按人工智能应用领域分门别类进行相关产业布局。鼓励地方围绕人工智能产业链和创新链，集聚高端要素、高端企业、高端人才，打造人工智能产业集群和创新高地（图4-15）。

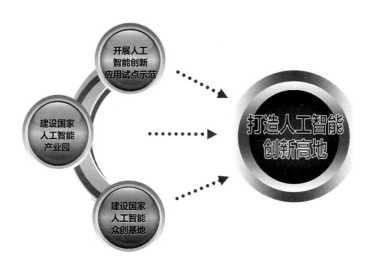

**图4-15　打造人工智能创新高地**

（1）开展人工智能创新应用试点示范

改革试点，就是改革的"试验田"。其主要目的是通过对局部地区或某些部门、领域的改革试验，总结成败得失，完善改革方案，寻找规律，由点及面，把解决试点中的问题与攻克面上共性难题结合起来，努力实现重点突破与整体创新，从而为更大范围的改革实践提供可复制、可推广的示范和标杆。科研成果在面世之前，先要进行实验室试验，接着是"小试"，也就是根据实验室效果进行放大，然后还要"中试"，就是根据小试结果继续放大，成功后才可量产。改革的复杂性是任何科学研究都难望其项背的，试点更加重要。

因此，中央层面，在2017年7月发布的《新一代人工智能发展规划》中表明，在人工智能基础较好、发展潜力较大的地区，组织开展国家人工智能创新试验，探索体制机制、政策法规、人才培育等方面的重大改革，推动人工智能成果转化、重大产品集成创新和示范应用，形成可复制、可推广的经验，引领带动智能经济和智能社会发展。

地方政府层面，以上海市为例，2017 年 11 月 14 日，《上海市推动新一代人工智能发展实施意见》正式出台，提出全面实施"智能上海"（AI@SH）行动，到 2020 年，实现上海成为国家人工智能发展高地的总体目标，从政策上强调了人工智能具有的战略意义。

另外，还提出了具体量化的目标，即打造 6 个左右人工智能创新应用示范区；形成 60 个左右人工智能深度应用场景；建设 100 个以上人工智能应用示范项目；建设 10 个左右人工智能创新平台；建成 5 个左右人工智能特色产业集聚区；培育 10 家左右人工智能创新标杆企业；人工智能重点产业规模超过 1000 亿元。

（2）建设国家人工智能产业园

中央层面，在《新一代人工智能发展规划》中明确要求，依托国家自主创新示范区和国家高新技术产业开发区等创新载体，加强科技、人才、金融、政策等要素的优化配置和组合，加快培育建设人工智能产业创新集群。

地方政府层面，以北京市为例，2017 年 12 月发布的《北京市加快科技创新培育人工智能产业的指导意见》明确提及"北京优化人工智能产业布局"——支持中关村科学城以原始创新为核心，开展人工智能前沿技术研究和重大科技任务攻关，积极参与人工智能国际标准制定，建设人工智能"双创"基地，成为人工智能技术发源地和创新型企业集聚地。支持未来科学城依托重点企业研究力量，加快布局人工智能创新应用试点示范，打造一批具有国际水平的示范性项目，成为人工智能科技成果转化引领区。支持怀柔科学城聚焦重大科学前沿问题，积极开展人工智能相关领域的基础理论研究和跨学科探索性研究，成为人工智能基础研究的突破地。支持北京经济技术开发区围绕"中国制造2025"，系统推进智能制造、智能机器人、智慧物流、智能驾驶等重点领域发展，打造具有国际竞争力的人工智能产业创新体系，成为人工智能产业发展的前沿阵地。依托中关村国家自主创新示范区，组织开展人工智能创新试验，建设人工智能产业园，推动园区精细化、差异化创新发展，形成具有国际竞争力的人工智能产业集群。

此外，全国各地，特别是中国东部，已经建立了创新区、孵化器和政府支持的风险投资基金，甚至为人工智能创业公司提供租金优惠等支持。北京计划投资 20 亿美元建设一个人工智能开发园区，该园区将容纳多达 400 家人工智能企业和一个国家级人工智能实验室，推动研发、专利和社会创新；杭州推出了人工智能园区，将提供 100 亿元的基金支持。

当然，北京和杭州只是中国大力投资人工智能的众多城市和省份中的代表。雄安新区将在未来 20 年内建设成为人工智能城市，以自动驾驶汽车、嵌入式太阳能电池道路和计算机视觉为基础，预计未来 20 年，雄安新区在基础设施方面的投入将超过 5800 亿美元。

而且，许多地方政府已经开始与百度、阿里巴巴、腾讯和科大讯飞等公司，以及深度学习技术及应用国家工程实验室等组织合作，以推动人工智能领域的技术创新。

(3) 建设国家人工智能众创基地

中央层面，在《新一代人工智能发展规划》中明确要求，依托从事人工智能研究的高校、科研院所集中地区，搭建人工智能领域专业化创新平台等新型创业服务机构，建设一批低成本、便利化、全要素、开放式的人工智能众创空间，完善孵化服务体系，推进人工智能科技成果转移转化，支持人工智能创新创业。

地方政府层面，以南京市为例，2017 年 9 月 12 日，2017 中国人工智能峰会 (CAIS 2017) 在南京国际博览会议中心开幕。这是继《新一代人工智能发展规划》发布以后，中国地区举办的 TOP 级人工智能峰会。在峰会活动上，南京经济技术开发区正式发布《人工智能产业发展行动计划 (2017—2020 年)》。该计划提出，南京经济技术开发区要打造"国家人工智能产业基地""国家人工智能众创基地"。到 2020 年，集聚人工智能领域高端人才 300 名，集聚和培育龙头骨干企业 250 家，设立总规模为 80 亿元的人工智能产业风险投资基金，建成 5 个以上人工智能相关领域的创新孵化平台或公共技术服务平台，人工智能企业营收达到 500 亿级，建成国际知名的人工智能创新高地、人才高地和产业高地。

为此，开发区将成立人工智能产业发展领导小组，由开发区主要领导任组长，强化政策支持。对于人工智能重大项目优先保障用地用房需求，财政累计投入不少于 30 亿元。而且，扶持力度非常大，据资料显示，南京经济技术开发区将对入驻的人工智能企业，经认定后，根据研究开发费用实际支出，在前 3 年给予每年 10% 的研发经费补助（每家企业每年最高不超过 500 万元）。并可根据其对开发区经济发展的实际贡献，在前 5 年给予每年 50% ～ 100% 的经济发展奖励（每家企业每年最高不超过 500 万元）。

### 三、建设安全便捷的智能社会

围绕提高人民生活水平和质量的目标，加快人工智能深度应用，形成无时不有、无处不在的智能化环境，全社会的智能化水平大幅提升。越来越多的简单性、重复性、危险性任务由人工智能完成，个体创造力得到极大发挥，形成更多高质量和高舒适度的就业岗位；精准化智能服务更加丰富多样，人们能够最大限度地享受高质量服务和便捷生活；社会治理智能化水平大幅提升，社会运行更加安全高效（图 4-16）。

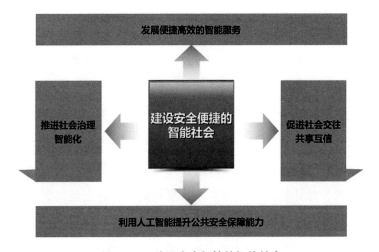

图 4-16　建设安全便捷的智能社会

**1. 发展便捷高效的智能服务**

围绕教育、医疗、养老等迫切民生需求，加快人工智能创新应用，为公众提供个性化、多元化、高品质的服务（图4-17）。

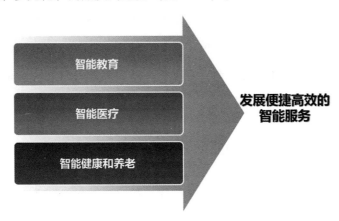

图4-17　发展便捷高效的智能服务

（1）智能教育

智能教育正改变现有教学方式，解放教师资源，对教育理念与教育生态引发深刻变革。当前全球主要发达国家均加速推进教育教学创新，积极探索教育新模式，开发教育新产品。

在改变现有教学方式方面，一是实现教学成果智能测评，提升教学质量。利用人工智能技术对数字化、标准化的教师教学行为与学生学习情况进行测试、分析与评价，帮助师生快速精准定位教学问题，实现针对性、科学性教学，提升教学效果。二是构建个性化学习系统，激发学生自主学习动力。教育企业探索通过对学生学习特点建立知识画像，推送针对性教学内容，进一步激发学生自主学习意愿。自然语言处理，尤其是在与机器学习和互联网结合以后，有力推进了线上学习，并让教师可以在扩大教室规模的同时还能做到解决个体学生的学习需求与风格。反过来，大型线上学习系统所得的数据已经为学习分析提供了迅速增长的动力。2017年4月，澳大利亚自主教学平台 Smart Sparrow 获得400万美元融资，其教育模式得到初步认可。2014年，美国自适应教育人机大战数据显示，自主教学平台有效提升学生学习效果，学生及格率平均提升10%，新知识获取时间平均缩短44%。

在解放教师资源方面，一是机器人早已经成为广为欢迎的教育设备，最早可以追溯到1980年MIT Media Lab研制的Lego Mindstorms。智能辅导系统（ITS）也成为针对科学、数学、语言学及其他学科相匹配的学生互动导师。二是实现作业智能批改，降低教师教学负担。借助图像识别与语义分析技术的持续革新，学生作业自动批改能力已初步实现，2018年4月，安徽省教育厅发布《安徽省中小学智慧校园建设指导意见》，明确2020年将建成作业测评系统，实现学生作业自动批改。根据中国信息通信研究院数据显示，截至2018年4月，提供作业自动批改功能的移动应用已有95家，主要聚集在小学速算领域，其中爱作业应用日活跃用户数超过20万人，日均处理作业50万份。三是拓展学生课后学习途径，分担教师教学压力。教育企业通过构建课后习题库并结合图像识别技术，实现对学生上传题目快速识别，即时反馈答案与解题思路。伦敦教育机构Whizz Education探索构建与课堂教学进度高度一致的课后学习系统，通过在线语音互动方式，实现学生课后辅导与答疑。

在不久的将来，可利用智能技术加快推动人才培养模式、教学方法改革，构建包含智能学习、交互式学习的新型教育体系；开展智能校园建设，推动人工智能在教学、管理、资源建设等全流程应用；开发立体综合教学场、基于大数据智能的在线学习教育平台；开发智能教育助理，建立智能、快速、全面的教育分析系统；建立以学习者为中心的教育环境，提供精准推送的教育服务，实现日常教育和终身教育定制化。

（2）智能医疗

美、英、日等国家政府均高度重视人工智能在医疗领域应用。美国《健康保险携带和责任法案》为人工智能应用扫清了障碍，食品药品监督管理局（FDA）实施"数字健康创新行动计划"，重构数字健康产品监督体系，并单独组建成立人工智能与数字医疗审评部，加速人工智能医疗发展；英国国家医疗服务系统（NHS）正计划在整个卫生服务部门大规模扩展人工智能，用于日常操作和治疗。

2016 年，日本厚生劳动省开始规划人工智能医疗相关政策，包括医疗费用的修正、采用智能医疗的激励措施等，并预计在 2020 年全面实施与推动智能医疗制度。

因此，2016—2017 年，我国对于医疗领域也提出明确的人工智能发展要求，包括对技术研发的支持政策，就相关技术和产品提出健康信息化、医疗大数据、智能健康管理等具体应用，并针对医疗、健康及养老方面提出明确的人工智能应用方向。

医疗保健都被视为人工智能的一个有潜力的应用领域。未来几年，基于人工智能的应用将改善人类的健康状况，提高他们的生活质量，但前提是要能够得到医生、护士和患者的信任。该领域的主要应用包括临床决定支持、患者监测和指导、帮助手术或患者护理的自动化设备，以及医疗保健系统管理。近期，人工智能技术在医疗保健领域取得了很大成功，包括通过挖掘社交媒体数据来推断可能的健康风险，通过机器学习来预测有风险的患者，以及利用机器人支持手术等，这在很大程度上拓展了人工智能在医疗保健领域的应用潜力。但是，与医疗专业人员和患者交互方式的提升将是未来的一个核心挑战。

为此，推广应用人工智能治疗新模式新手段，建立快速精准的智能医疗体系是新一代人工智能的一大目标。探索智慧医院建设，开发人机协同的手术机器人、智能诊疗助手，研发柔性可穿戴、生物兼容的生理监测系统，研发人机协同临床智能诊疗方案，实现智能影像识别、病理分型和智能多学科会诊。基于人工智能开展大规模基因组识别、蛋白组学、代谢组学等研究和新药研发，推进医药监管智能化。加强流行病智能监测和防控。

（3）智能健康和养老

智能健康和养老主要是指利用新一代人工智能技术，加强群体智能健康管理，突破健康大数据分析、物联网等关键技术，研发健康管理可穿戴设备和家庭智能健康检测监测设备，推动健康管理实现从点状监测向连续监测、从短流程管理向长流程管理转变。建设智能养老社区和机构，构建安全便捷的智能化养老基础设施体系。加强老年人产品智能化和智能产品适老化，开发视听辅助设备、物理辅助设备等智能家居养老设备，拓展老年人活动空间。开发面向老年人的移动社交和服务平台、情感陪护助手，提升老年人生活质量。

以智能健康管理为例，运用人工智能和医疗技术，在健康保健、医疗的科学基础上，建立的一套完善、周密和个性化的服务程序，通过维护健康、促进健康等方式帮助健康人群及亚健康人群建立有序健康的生活方式，降低风险状态，远离疾病，而一旦出现临床症状，则通过就医服务的安排，尽快地恢复健康。

**2. 推进社会治理智能化**

围绕行政管理、司法管理、城市管理、环境保护等社会治理的热点难点问题，促进人工智能技术应用，推动社会治理现代化（图4-18）。

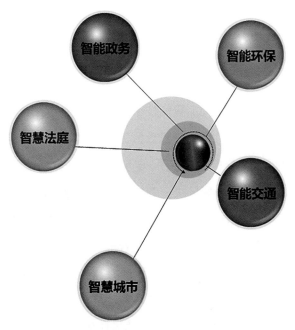

**图4-18 推进社会治理智能化**

（1）智能政务

现代政府事务日益复杂，传统政府的信息化技术已经难以应付这种新的形势，伴随着新兴信息技术的高速化发展，政府信息化建设也在紧跟时代的步伐，在历经传统政府、数字政府、电子政务、移动政务等多个阶段后，"智能政务"或者"智慧政府"的概念便应运而生。

利用新一代人工智能技术，开发适于政府服务与决策的人工智能平台已经是发展所需和大势所趋。未来，要研制面向开放环境的决策引擎，在复杂社会问题研判、政策评估、风险预警、应急处置等重大战略决策方面推广应用。加强政务信息资源整合和公共需求精准预测，畅通政府与公众的交互渠道。

"智能政务"是电子政务发展的高级阶段，是提高党的执政能力的重要手段。政府的四大职能是经济调节、市场监管、社会管理和公共服务。智能政务就是要实现上述职能的数字化、网络化、智能化、精细化。

与传统电子政务相比，智能政务具有移动性、社会性、虚拟性、个性化等特征。这些新特征是信息技术进步和电子政务应用创新两者融合演化发展到更高级实践阶段的必然结果。

（2）智慧法庭

智慧法庭是指利用新一代人工智能技术，建设集审判、人员、数据应用、司法公开和动态监控于一体的智慧法庭数据平台，促进人工智能在证据收集、案例分析、法律文件阅读与分析中的应用，实现法院审判体系和审判能力智能化。

根据参与主体的不同，对智慧法庭的应用进行划分。法律事件的参与者有3个主体，分别是当事人（个人或企业）、律师（律师及律所等）和法院（法院及检察院等）。面对不同的主体，基于人工智能的产品服务也不尽相同。随着人工智能文本处理能力的增强，法律文件处理的智能化和自动化还将持续提升。在各种先进工具的帮助下，未来大部分简单纠纷将通过咨询和在线审理化解，少量复杂案件进入诉讼程序，并通过更高效的诉讼体系加以解决。

（3）智慧城市

智慧城市是一个不断演进的发展主题。早期的智慧城市本质在于信息化与城市化的高度融合，是城市信息化向更高阶段发展的表现。如今的智慧城市是人工智能技术使用发展到一定阶段的产物，突出表现在通过人工智能、移动互联网、物联网和云计算等技术的应用，进行明确的顶层设计、通盘的考虑和长远的设想，解决建设过程中各自为政、信息孤岛、大量重复建设、业务无法协同等一系列问题，从而建立起城市生产方式、生活方式、交换方式、公共服务、政府决策、市政管理、社会民生的崭新现代城市运行模式。

按照《新一代人工智能发展规划》的描述，建设智慧城市，需要构建城市智能化基础设施，发展智能建筑，推动地下管廊等市政基础设施智能化改造升级；建设城市大数据平台，构建多元异构数据融合的城市运行管理体系，实现对城市基础设施和城市绿地、湿地等重要生态要素的全面感知，以及对城市复杂系统运行的深度认知；研发构建社区公共服务信息系统，促进社区服务系统与居民智能家庭系统协同；推进城市规划、建设、管理、运营全生命周期智能化。

智慧城市综合体是构成智慧城市的主要部分。采用视觉采集和识别、各类传感器、无线定位系统、RFID、条码识别、视觉标签等顶尖技术，构建智能视觉物联网，对城市综合体的要素进行智能感知、自动数据采集，将采集的数据可视化和规范化，让管理者能进行可视化城市综合管理。

智能建筑是指利用系统集成方法，将智能型计算机技术、通信技术、信息技术与建筑艺术有机结合，通过对设备的自动监控，对信息资源的管理和对使用者的信息服务与建筑本身优化组合，所获得的投资合理、适合信息社会知识经济发展需要，并且具有安全、高效、舒适、便利和灵活特点的建筑物。根据GB/T50314—2000 的定义，智能建筑是"以建筑为平台，兼备建筑设备、办公自动化及通信网络系统，集结构、系统、服务、管理及它们之间的最优化组合，向人们提供一个安全、高效、舒适、便利的环境"。

（4）智能交通

随着城市经济的快速发展，城市化、汽车化进程加快，越来越迫切地需要运用先进的信息技术、数据通信传输技术及计算机技术，建立一种大范围内、全方位发挥作用的，实时、准确、高效的道路交通管理综合集成系统。

智能交通系统将以道路交通有序、安全、畅通，以及交通管理规范服务、快速反应和决策指挥为目标，初步建成集高新技术应用为一体，适合城市道路交通特点，具有高效快捷的交通数据采集处理能力、决策能力和组织协调指挥能力的管理系统，实现交通管理指挥现代化、管理数字化、信息网络化。

打造智能交通的主要任务是研究建立营运车辆自动驾驶与车路协同的技术体系。具体包括，研发复杂场景下的多维交通信息综合大数据应用平台，实现智能化交通疏导和综合运行协调指挥，建成覆盖地面、轨道、低空和海上的智能交通监控、管理和服务系统。

（5）智能环保

近年来，在国家高度重视和利好政策持续加码的背景下，我国环境治理获得了实质性的进展，环保产业正向国民经济支柱靠近。与此同时，人工智能的快速发展也催生出一系列新技术、新产品和新模式，并不断向环保领域延伸，带来环境治理新手段。

按照《新一代人工智能发展规划》的部署，结合人工智能技术，实现智能环保，主要是指建立涵盖大气、水、土壤等环境领域的智能监控大数据平台体系，建成陆海统筹、天地一体、上下协同、信息共享的智能环境监测网络和服务平台。研发资源能源消耗、环境污染物排放智能预测模型方法和预警方案。加强京津冀、长江经济带等国家重大战略区域环境保护和突发环境事件智能防控体系建设。

那么，当环保与人工智能牵手，给环境治理到底会带来什么变化呢？现阶段，环保部门借助人工智能技术，结合卫星图像、传感器及监测仪器等手段，可以精准、快速地确定污染源，助力早期污染检测，实现更好地保护自然资源，促进生态与经济的可持续性发展。

智能环保将人工智能等技术融入环境应急管理、环境监测中,通过大数据进行风险评估、分析,从而提出环境治理智慧型解决方案。

在智能制造迅速发展的当下,传感器成为生产过程中必不可缺的元件,随着"环保热"的持续升温,环境传感器应运而生。公开资料显示,环境传感器主要包括土壤温度传感器、空气温湿度传感器、蒸发传感器、雨量传感器、光照传感器、风速风向传感器等。如今,环境传感器可有效感知外界环境的细微变化,是环境监测部门首选的高质量仪器。其中,作为环境监测系统的"三大基石",气体传感器、水环境检测传感器、土壤污染检测传感器发挥着越来越重要的作用。

京津冀、长江经济带等国家重大战略区域环境保护和突发环境事件智能防控体系主要是建立动态的 "面源污染动态监控系统",以便在线持续地监控面源污染状况,并把不断改变的现状因素传输到系统,使系统处于跟踪变化的状态。由于区域环境安全情况复杂,既要做好对传统空气、水、噪声等的安全保障,还要对移动危险污染源、重金属、辐射源等做到平时能够预防,出现突发事件能够进行应急处理。为此,亟须建立国家重大战略区域环境保护和突发环境事件智能防控体系环境安全物联网监管工程,利用环境应急监测车实时定位、环境应急处置实时视频监控、环境应急管理实时监测,建立全方位的环境应急管理处置体系。同时,建立基于GIS的应急管理系统,实现移动指挥车的定位、查询功能,实现环境事故的视频监控功能、应急监测数据的实时显示功能和应急指挥调度功能。

污染源监控和防治是智能环保建设的关键,需要建立一个完善的陆海统筹、天地一体、上下协同、信息共享的智能环境监测网络和服务平台,通过在全市范围内布置大气、水体、固体废弃物、特征污染物、辐射等监管物联网,多方位、全时段地对各种可能的污染源进行在线监控,实现事故早发现、早预警,为及时、有效地管理环境事故提供有力保障。例如,增设常规大气污染物和特征大气污染物传感器,采用地面、近地、高空感知等方式对大气温度、湿度、硫氧化物、氮氧化物、一氧化碳、二氧化碳、臭氧、$PM_{10}$、$PM_{2.5}$ 等参数进行测量，形成高低空立体空气质量环境自动监测体系，从而更加全面地了解固定污染源的污染物排放情况。

机动车尾气排放物联网监控系统：为机动车排放污染物检测机构和机动车污染防治管理部门提供的一整套系统，对尾气污染状况、空气质量、超排车辆捕获，以及特定车辆排放检测场、检测设备、检测数据进行管理、存储和加工，且系统提供双向的数据传输，不仅能采集车辆检测过程、结果数据，更能实现对检测场、检测设备、检测人员、运动中的车辆及低空空气质量的监控与管理。

固危废物联网动态监管系统：利用物联网技术对固危废物产生、储存、转移、处置利用等全过程进行实时监管、预测预警，确保固危废物安全。同时，能够有效对固危废物的转运过程进行监督，防止固危废物在运输途中被丢弃而对环境造成污染，为固危废物处置过程的科学管理提供有力的技术支撑。

### 3. 利用人工智能提升公共安全保障能力

促进人工智能在公共安全领域的深度应用，推动构建公共安全智能化监测预警与控制体系。围绕社会综合治理、新型犯罪侦查、反恐等迫切需求，研发集成多种探测传感技术、视频图像信息分析识别技术、生物特征识别技术的智能安防与警用产品，建立智能化监测平台。加强对重点公共区域安防设备的智能化改造升级，支持有条件的社区或城市开展基于人工智能的公共安防区域示范。强化人工智能对食品安全的保障，围绕食品分类、预警等级、食品安全隐患及评估等，建立智能化食品安全预警系统。加强人工智能对自然灾害的有效监测，围绕地震灾害、地质灾害、气象灾害、水旱灾害和海洋灾害等重大自然灾害，构建智能化监测预警与综合应对平台（图 4-19）。

人工智能在安防领域作为人力的增效补充：海康威视数据显示，从传统的视频回看、人工查证，转向以车牌搜索、特征搜索为核心的智能搜索应用，以及以浓缩播放、视频摘要为核心的智能查看应用，破案时线索排查效率提升 20 ～ 100 倍。

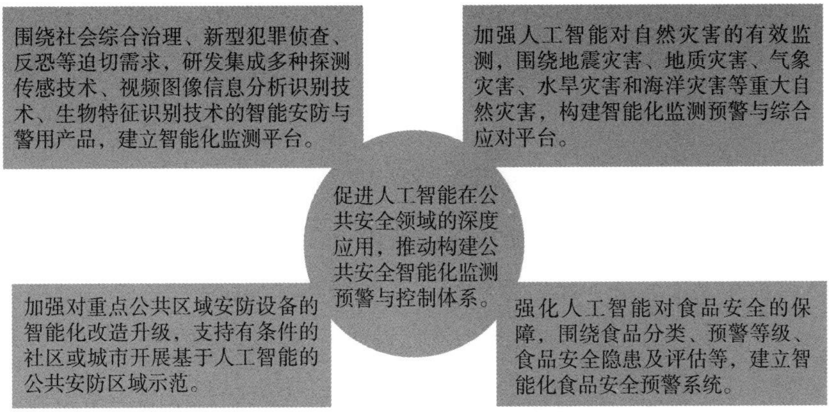

围绕社会综合治理、新型犯罪侦查、反恐等迫切需求，研发集成多种探测传感技术、视频图像信息分析识别技术、生物特征识别技术的智能安防与警用产品，建立智能化监测平台。

加强人工智能对自然灾害的有效监测，围绕地震灾害、地质灾害、气象灾害、水旱灾害和海洋灾害等重大自然灾害，构建智能化监测预警与综合应对平台。

促进人工智能在公共安全领域的深度应用，推动构建公共安全智能化监测预警与控制体系。

加强对重点公共区域安防设备的智能化改造升级，支持有条件的社区或城市开展基于人工智能的公共安防区域示范。

强化人工智能对食品安全的保障，围绕食品分类、预警等级、食品安全隐患及评估等，建立智能化食品安全预警系统。

**图4-19　利用人工智能提升公共安全保障能力**

在人脸方面，深度学习可以实现人脸检测、人脸关键点定位、身份证比对、聚类，以及人脸属性、活体检测等。以人脸识别为例，2015 年 ImageNet ILSVRC 大赛团队识别分类的错误率已经降到 3.5%，低于人眼 5.1% 的识别错误率；我国的旷视科技（Face++）公司人脸识别技术的准确率在 LFW 国际公开测试中达到世界最高的 99.5%（超过了人类肉眼识别的准确率 97.52%），与此相关的刷脸支付被《麻省理工科技评论》评为 2017 年十大全球突破性技术。据 2017 年 12 月 6 日的《科技日报》报道，Google 的人工智能系统已经能发明自己的加密算法，还能生成自己的子人工智能。不仅如此，经过严密测试，这个由人工智能创造的"子人工智能"居然能够打败人类创造的人工智能。这说明，人工智能达到一定阶段就能够自行设计和创造更高级的智能系统，实现自我进化。

①识别种类增多：从车牌识别到人、车特征点识别。

②车牌识别：牌照号码、牌照底色。

③人体特征属性识别：衣着颜色、运动方向、速度、目标大小、骑车、背包、拎东西等。

④车辆特征属性识别：车牌识别、车标识别、车型识别、车身颜色、人脸探测、安全带、年检标、行驶方向。

⑤人脸识别：在人脸检测的基础上，进一步确定脸部特征点（眼睛、眉毛、

鼻子、嘴巴、脸部外轮廓）的位置。

在社会治安领域，人工智能已应用于警方侦查过程，为警方破案提供重要线索。依托安防行业的基础，犯罪侦查成为人工智能在公共安全领域最先落地的场景。基于计算机视觉技术在公共场所安防布控，可以及时发现异常情况，为公安、检察等司法机关的刑侦破案、治安管理等行为提供强力支撑。美国多地警方部署人工智能警务风险评估软件，将犯罪控制在萌芽状态。智能软件根据保存的犯罪数据预测哪些犯罪高发区域可能会出现新问题。

在反恐反暴领域，人工智能在打击恐怖分子、炸弹排除等领域可发挥重要作用。美国建立的禁飞系统能预测恐怖袭击的可能性，大数据系统每天都会传输犯罪预测数据到执勤警员的执勤电子设备中，预测型侦查已经广泛开展。此外，反恐机器人能对可疑目标自动探测与跟踪，并拥有对目标远程准确打击的能力，在打击恐怖分子、协助军方反恐等领域可发挥重要作用。在我国，由哈工大机器人集团研制的武装打击机器人、侦察机器人、小型排爆机器人已应用于反恐安全、目标探测、可疑物检查与打击、路边炸弹排除、危险物质处理等领域。

在灾后救援领域，人工智能在高效处置灾情、避免人员伤亡方面发挥关键作用。不管是自然灾害之后的搜救，还是日常救援行动，伴随着人工智能融合，可快速处理灾区航拍影像，并借此实时向救援人员提供重要的评估与规划性指导。不仅能够保障自然环境、群众生命财产安全，同时，能够最大限度地减少救援人员的牺牲。

例如，日本总务省消防厅推进开发的"机器人消防队"，由自上空拍摄现场情况的小型无人机、收集地面信息的侦察机器人、可自动行走的水枪机器人组成。美国国家航空航天局 NASA 推出的人工智能系统 Audrey，通过消防员身上所穿戴的传感器，获取火场位置、周围温度、危险化学品和危险气体的信号及区域卫星图像等全方位的信息，并基于机器学习的预测为消防人员提供更多的有效信息和团队建议，最大限度地保护消防员的安全。在我国，灭火、侦查、排烟消防机器人技术和产品已相对成熟，并已经进入了实际作战，在高效处置灾情、避免人员伤亡并减少财产损失等方面发挥着越来越重要的作用。此外，国家地震台研制的"地震信息播报机器人"，在 2017 年 8 月 8 日四川九寨沟地震期间，仅用 25 秒写出了全球第一条关于这次地震的速报，通过中国地震台网官方微信平台推送，为地震避灾、生命救援和消息传递争取时间。

此外，在食品安全、大型活动管理、环境监测等公共安全场景，利用人工智能技术可以减轻人工投入和资源消耗，提升预警时效，为及时有效地进行处置提供强力支持。

### 4. 促进社会交往共享互信

充分发挥人工智能技术在增强社会互动、促进可信交流中的作用。加强下一代社交网络研发，加快增强现实、虚拟现实等技术推广应用，促进虚拟环境和实体环境协同融合，满足个人感知、分析、判断与决策等实时信息需求，实现在工作、学习、生活、娱乐等不同场景下的流畅切换。针对改善人际沟通障碍的需求，开发具有情感交互功能、能准确理解人的需求的智能助理产品，实现情感交流和需求满足的良性循环。促进区块链技术与人工智能的融合，建立新型社会信用体系，最大限度地降低人际交往成本和风险（图 4-20）。

未来人工智能系统将会从日常生活、学校、工作、休闲度假等多个维度来评定个人的信用度。每个人的社会活动将会被记录，如果你与一个人深度接触后再没有了联系，智能系统会认为你们双方兴趣爱好或者价值观不同，但是如果一个人深度接触过很多人之后，这些人后来都远离了他，这时智能系统会认为这个人的信誉很差。同样的道理，在学校和工作中任何的社交往来都将成为评定参考的标准。

伴随人工智能和区块链等技术的进步，人脸识别技术的成熟与应用，公共场所的言行举止将会被智能系统识别并记录下来，通过人脸身份的识别同样会成为信用评定的参考数据之一。当然，随着科技的发展，未来的信用评定标准将会更加全面，人工智能通过对个人生活数据的分析，将会彻底改变未来的社会生活方式。

充分发挥人工智能技术在增强社会
互动、促进可信交流中的作用。

区块链技术与人工
智能的融合

促进区块链技术与人工
智能的融合，建立新型
社会信用体系，最大限
度地降低人际交往成本
和风险。

促进社会交往
共享互信

智能助理产品

针对改善人际沟通障碍的
需求，开发具有情感交互
功能、能准确理解人的需
求的智能助理产品，实现
情感交流和需求满足的良
性循环。

下一代社交网络，
增强现实、虚拟现实……

加强下一代社交网络研发，加快
增强现实、虚拟现实等技术推广应用，促进
虚拟环境和实体环境协同融合，满足
个人感知、分析、判断与决策等实时
信息需求，实现在工作、学习、生活、
娱乐等不同场景下的流畅切换。

**图4-20 促进社会交往共享互信**

## 四、加强人工智能领域军民融合

深入贯彻落实军民融合发展战略，推动形成全要素、多领域、高效益的人
工智能军民融合格局。以军民共享共用为导向部署新一代人工智能基础理论和
关键共性技术研发，建立科研院所、高校、企业和军工单位的常态化沟通协调
机制。促进人工智能技术军民双向转化，强化新一代人工智能技术对指挥决策、
军事推演、国防装备等的有力支撑，引导国防领域人工智能科技成果向民用领
域转化应用。鼓励优势民口科研力量参与国防领域人工智能重大科技创新任务，
推动各类人工智能技术快速嵌入国防创新领域。加强军民人工智能技术通用标
准体系建设，推进科技创新平台基地的统筹布局和开放共享（图4-21）。

## 五、构建泛在安全高效的智能化基础设施体系

大力推动智能化信息基础设施建设，提升传统基础设施的智能化水平，形成

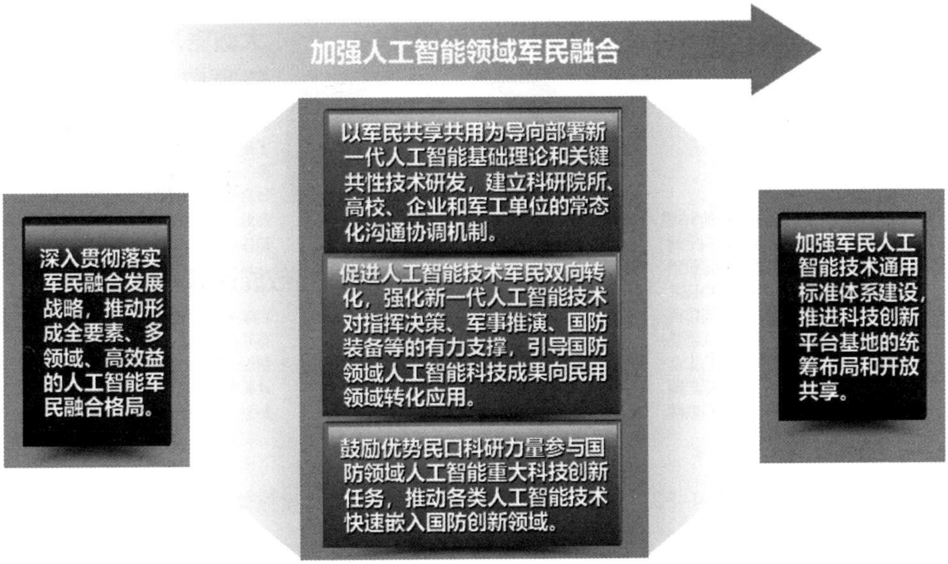

**图 4-21 加强人工智能领域军民融合**

适应智能经济、智能社会和国防建设需要的基础设施体系。加快推动以信息传输为核心的数字化、网络化信息基础设施，向集融合感知、传输、存储、计算、处理于一体的智能化信息基础设施转变。优化升级网络基础设施，研发布局第五代移动通信（5G）系统，完善物联网基础设施，加快天地一体化信息网络建设，提高低时延、高通量的传输能力。统筹利用大数据基础设施，强化数据安全与隐私保护，为人工智能研发和广泛应用提供海量数据支撑。建设高效能计算基础设施，提升超级计算中心对人工智能应用的服务支撑能力。建设分布式高效能源互联网，形成支撑多能源协调互补、及时有效接入的新型能源网络，推广智能储能设施、智能用电设施，实现能源供需信息的实时匹配和智能化响应（图 4-22）。

**网络基础设施**
加快布局实时协同人工智能的5G增强技术研发及应用，建设面向空间协同人工智能的高精度导航定位网络，加强智能感知物联网核心技术攻关和关键设施建设，发展支撑智能化的工业互联网、面向无人驾驶的车联网等，研究智能化网络安全架构。加快建设天地一体化信息网络，推进天基信息网、未来互联网、移动通信网的全面融合。

**大数据基础设施**
依托国家数据共享交换平台、数据开放平台等公共基础设施，建设政府治理、公共服务、产业发展、技术研发等领域大数据基础信息数据库，支持开展国家治理大数据应用。整合社会各类数据平台和数据中心资源，形成覆盖全国、布局合理、链接畅通的一体化服务能力。

**高效能计算基础设施**
继续加强超级计算基础设施、分布式计算基础设施和云计算中心建设，构建可持续发展的高性能计算应用生态环境。推进下一代超级计算机研发应用。

图 4-22　构建泛在安全高效的智能化基础设施体系

新一代人工智能的发展前提就是构建泛在、安全、高效的智能化基础设施体系，主要包括网络基础设施、大数据基础设施和高效能计算基础设施。

专栏 4-4　智能化基础设施

1. 网络基础设施

加快布局实时协同人工智能的 5G 增强技术研发及应用，建设面向空间协同人工智能的高精度导航定位网络，加强智能感知物联网核心技术攻关和关键设施建设，发展支撑智能化的工业互联网、面向无人驾驶的车联网等，研究智能化网络安全架构。加快建设天地一体化信息网络，推进天基信息网、未来互联网、移动通信网的全面融合。

2. 大数据基础设施

依托国家数据共享交换平台、数据开放平台等公共基础设施，建设政府治理、公共服务、产业发展、技术研发等领域大数据基础信息数据库，支撑开展国家治理大数据应用。整合社会各类数据平台和数据中心资源，形成覆盖全国、布局合理、链接畅通的一体化服务能力。

3. 高效能计算基础设施

继续加强超级计算基础设施、分布式计算基础设施和云计算中心建设，构建可持续发展的高性能计算应用生态环境。推进下一代超级计算机研发应用。

## 1. 网络基础设施

5G 作为新的基础网络设施，不单为人服务，还为物服务，为社会服务。5G 的连接能力，将推动万物智能互联。不同于过去 2G 到 4G 时代重点关注移动性和传输速率，5G 不仅要考虑增强宽带，还要考虑万物互联、未来需求多样化、关键技术多样化、演进路径多样化等多个维度。

随着 5G 时代的到来，会出现很多依靠 5G 技术的多领域智能终端，与此同时，人工智能将会连接到更多设备上，可以为我们日常生活带来更多便利。5G 与人工智能的结合将催生网络边缘终端的智能化。终端侧的人工智能发展需要 5G 这个桥梁与云计算端大数据相连通。从无线终端的角度来说，智能手机、物联网、汽车都是可以应用人工智能技术的。

此外，安防终端智能大放异彩。智能安防作为我国物联网应用最早的行业之一，致力于实现终端产品智能化一体化，使之能够连接无线传感，并通过互联网传输报警信息。终端侧人工智能算法具有即时响应、可靠性提升、隐私保护增强，以及高效利用网络带宽等诸多优势。人工智能和 5G 技术在安防终端侧的应用正在走向融合，并逐渐成为带动新一代技术革命的"最佳组合"。

未来所有与安防安全相关的传感器都将实现互联，当前所提及的智慧社区、智慧家居或其他智慧新概念，尽管还是浅层次的连接，但其在应用落地过程中，都必须依靠 5G 技术得以连接。

以智能家居中的安防摄像头为例，智能摄像头能够在终端侧对视频内容进行本地化分析，无须等待网络和云端之间来回传输数据，响应速度会更快；而 5G 网络的加入将使得它与其他系统配合得更好，有用数据传输到云端的速度也将加快，一些中小型企业、商铺老板及家庭用户，可以借助智能终端实时浏览家庭或商铺终端摄像机的高清图像，还可实现远程控制、存储录像、抓拍图像等，随时掌握所关注区域的动态。

为此，发展新一代人工智能首先就要打造智能化网络基础设施，加快布局实时协同人工智能的 5G 增强技术研发及应用，建设面向空间协同人工智能的高精度导航定位网络，加强智能感知物联网核心技术攻关和关键设施建设，发展支撑智能化的工业互联网、面向无人驾驶的车联网等，研究智能化网络安全架构。加快建设天地一体化信息网络，推进天基信息网、未来互联网、移动通信网的全面融合。

**2. 大数据基础设施**

大数据的应用和技术是在互联网快速发展中诞生的，起点可追溯到 2000 年前后。当时互联网网页爆发式增长，每天新增约 700 万个网页，到 2013 年年底，全球网页数达到 920 亿个，用户检索信息越来越不方便。Google 等公司率先建立了覆盖数百亿网页的索引库，开始提供较为精确的搜索服务，大大提升了人们使用互联网的效率，这是大数据应用的起点。当时的搜索引擎要存储和处理的数据不仅数量之大前所未有，而且以非结构化数据为主，传统技术无法应对。为此，Google 提出了一套以分布式为特征的全新技术体系，即后来陆续公开的分布式文件系统（google file system，GFS）、分布式并行计算（MapReduce）和分布式数据库（BigTable）等技术，以较低的成本实现了之前技术无法达到的规模。这些技术奠定了当前大数据技术的基础，可以认为是大数据技术的源头。

伴随着互联网产业的崛起，这种创新的海量数据处理技术在电子商务、定向广告、智能推荐、社交网络等方面得到应用，取得巨大的商业成功。这启发全社会开始重新审视数据的巨大价值，于是，金融、电信等拥有大量数据的行业开始尝试这种新的理念和技术，取得初步成效。与此同时，业界也在不断对 Google 提出的技术体系进行扩展，使之能在更多的场景下使用。2011 年，世界经济论坛等知名机构对这种数据驱动的创新进行了研究总结，随即在全世界兴起了一股大数据热潮。

由此可见，大数据是基础性战略资源，是智能化的社会公共基础设施，也是驱动智能社会运转的关键要素。数据确权、数据质量、数据开放共享与流通管控、数据安全与隐私保护等是建设数字中国、发展数字经济、建设智慧社会必须高度关注的问题，亟待形成有效的解决方案。未来，要按照《新一代人工智能发展规划》，依托国家数据共享交换平台、数据开放平台等公共基础设施，建设政府治理、公共服务、产业发展、技术研发等领域大数据基础信息数据库，支撑开展国家治理大数据应用。整合社会各类数据平台和数据中心资源，形成覆盖全国、布局合理、链接畅通的一体化服务能力。

**3. 高效能计算基础设施**

除了 5G 等网络基础设施和大数据基础设施之外，发展新一代人工智能还不能欠缺高效能计算基础设施的支撑。未来仍需要继续加强超级计算基础设施、分布式计算基础设施和云计算中心建设，构建可持续发展的高性能计算应用生态环境，推进下一代超级计算机研发应用。

自 1976 年美国克雷公司推出了世界上首台运算速度达每秒 2.5 亿次的超级计算机以来，突出表现一国科技实力的超级计算机，堪称集万千宠爱于一身的高科技宠儿，在诸如天气预报、生命科学的基因分析、核业、军事、航天等高科技领域大展身手，让各国科技精英竞折腰，各国都在着手研发亿亿级超级计算机。作为高科技发展的要素，超级计算机早已成为世界各国经济和国防方面的竞争利器。经过中国科技工作者几十年的不懈努力，中国的高性能计算机研制水平显著提高，成为继美国、日本之后的第三大高性能计算机研制生产国。中国现阶段超级计算机拥有量为 22 台，居世界第 2 位，其中，中国内地（大陆）19 台、香港 1 台、台湾 2 台，拥有量和运算速度在世界上处于领先地位。随着超级计算机运算速度的迅猛发展，它也被越来越多地应用在工业、科研和学术等领域。但就超级计算机的应用领域来说，中国和发达国家，如美国、德国等国家还有较大差距。中国超级计算机及其应用的发展为中国走科技强国之路提供了坚实的基础和保证。2016 年 7 月 26 日，从我国首台千万亿次超级计算机"天河一号"所在的国家超算天津中心获悉，由该中心同国防科技大学联合开展的我国新一代百亿亿次超级计算机样机研制工作已经启动。在样机破解关键技术基础上，下一阶段将开展具体超算研发，届时其将成为国内自主化率最高的超级计算机。

分布式计算是一种计算方法，和集中式计算是相对的。随着计算技术的发展，有些应用需要非常巨大的计算能力才能完成，如果采用集中式计算，需要耗费相当长的时间来完成。分布式计算将该应用分解成许多小的部分，分配给多台计算机进行处理。这样可以节约整体计算时间，大大提高计算效率。

云计算和大数据、人工智能密切相关、不离彼此，未来各行各业将在云端用人工智能处理大数据。云计算也是新一代人工智能发展的重要基础，是实现效率变革的关键。过去人们常说"插上电"，现在则是"接入云"。就像"用电量"在工业经济中的指标意义一样，"用云量"也将成为衡量数字经济的重要指标。云平台汇聚人工智能软硬件异构资源，通过弹性分配能力能够对各类企业的市场需求进行动态响应和快速交付，相对于传统的点对点服务模式，具有更大范围的应用推广价值。因此，国家一直建议进一步促进云计算创新发展，推动企业稳妥有序实施上云。鼓励工业云、金融云、政务云、医疗云、教育云、交通云等各类云平台加快发展，打造具有国际水准的产业互联网平台，促进实体经济数字化转型，掌握未来发展的主动权。

## 六、前瞻布局新一代人工智能重大科技项目

针对我国人工智能发展的迫切需求和薄弱环节，设立新一代人工智能重大科技项目。加强整体统筹，明确任务边界和研发重点，形成以新一代人工智能重大科技项目为核心、现有研发布局为支撑的"1+N"人工智能项目群（图 4-23）。

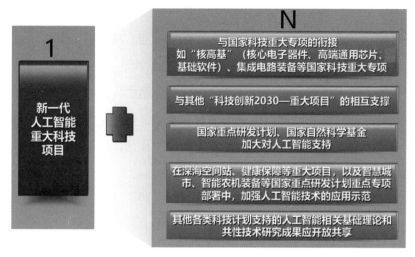

图 4-23　前瞻布局新一代人工智能重大科技项目

"1"是指新一代人工智能重大科技项目，聚焦基础理论和关键共性技术的前瞻布局，包括研究大数据智能、跨媒体感知计算、混合增强智能、群体智能、自主协同控制与决策等理论，研究知识计算引擎与知识服务技术、跨媒体分析推理技术、群体智能关键技术、混合增强智能新架构与新技术、自主无人控制技术等，开源共享人工智能基础理论和共性技术。持续开展人工智能发展的预测和研判，加强人工智能对经济社会综合影响及对策研究。

"N"是指国家相关规划计划中部署的人工智能研发项目，重点是加强与新一代人工智能重大科技项目的衔接，协同推进人工智能的理论研究、技术突破和产品研发应用。加强与国家科技重大专项的衔接，在"核高基"（核心电子器件、高端通用芯片、基础软件）、集成电路装备等国家科技重大专项中支持人工智能软硬件发展。加强与其他"科技创新2030—重大项目"的相互支撑，加快脑科学与类脑计算、量子信息与量子计算、智能制造与机器人、大数据等研究，为人工智能重大技术突破提供支持。国家重点研发计划继续推进高性能计算等重点专项实施，加大对人工智能相关技术研发和应用的支持；国家自然科学基金加强对人工智能前沿领域交叉学科研究和自由探索的支持。在深海空间站、健康保障等重大项目，以及智慧城市、智能农机装备等国家重点研发计划重点专项部署中，加强人工智能技术的应用示范。其他各类科技计划支持的人工智能相关基础理论和共性技术研究成果应开放共享。

创新新一代人工智能重大科技项目组织实施模式，坚持集中力量办大事、重点突破的原则，充分发挥市场机制作用，调动部门、地方、企业和社会各方面力量共同推进实施。明确管理责任，定期开展评估，加强动态调整，提高管理效率。

## 第三节 资源配置

充分利用已有资金、基地等存量资源，统筹配置国际国内创新资源，发挥好财政投入、政策激励的引导作用和市场配置资源的主导作用，撬动企业、社会加大投入，形成财政资金、金融资本、社会资本多方支持的新格局（图4-24）。

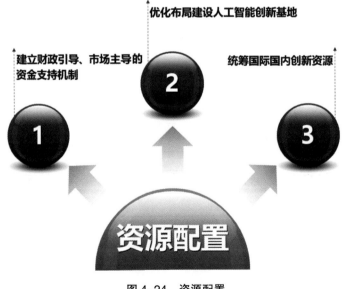

图4-24 资源配置

## 一、建立财政引导、市场主导的资金支持机制

统筹政府和市场多渠道资金投入，加大财政资金支持力度，盘活现有资源，对人工智能基础前沿研究、关键共性技术攻关、成果转移转化、基地平台建设、创新应用示范等提供支持。利用现有政府投资基金支持符合条件的人工智能项目，鼓励龙头骨干企业、产业创新联盟牵头成立市场化的人工智能发展基金。利用天使投资、风险投资、创业投资基金及资本市场融资等多种渠道，引导社会资本支持人工智能发展。积极运用政府和社会资本合作等模式，引导社会资本参与人工智能重大项目实施和科技成果转化应用。

## 二、优化布局建设人工智能创新基地

按照国家级科技创新基地布局和框架，统筹推进人工智能领域建设若干国际领先的创新基地。引导现有与人工智能相关的国家重点实验室、企业国家重点实验室、国家工程实验室等基地，聚焦新一代人工智能的前沿方向开展研究。按规定程序，以企业为主体、产学研合作组建人工智能领域的相关技术和产业创新基地，发挥龙头骨干企业技术创新示范带动作用。发展人工智能领域的专业化众创空间，促进最新技术成果和资源、服务的精准对接。充分发挥各类创新基地聚集人才、资金等创新资源的作用，突破人工智能基础前沿理论和关键共性技术，开展应用示范。

## 三、统筹国际国内创新资源

支持国内人工智能企业与国际人工智能领先高校、科研院所、团队合作。鼓励国内人工智能企业"走出去"，为有实力的人工智能企业开展海外并购、股权投资、创业投资和建立海外研发中心等提供便利和服务。鼓励国外人工智能企业、科研机构在华设立研发中心。依托"一带一路"倡议，推动建设人工

智能国际科技合作基地、联合研究中心等，加快人工智能技术在"一带一路"沿线国家推广应用。推动成立人工智能国际组织，共同制定相关国际标准。支持相关行业协会、联盟及服务机构搭建面向人工智能企业的全球化服务平台。

## 第四节　保障措施

围绕推动我国人工智能健康快速发展的现实要求，妥善应对人工智能可能带来的挑战，形成适应人工智能发展的制度安排，构建开放包容的国际化环境，夯实人工智能发展的社会基础（图4-25）。

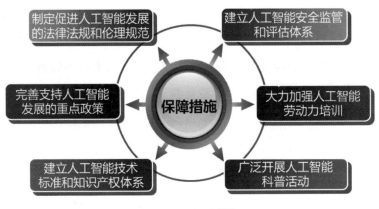

**图 4-25　保障措施**

### 一、制定促进人工智能发展的法律法规和伦理规范

加强人工智能相关法律、伦理和社会问题研究，建立保障人工智能健康发展的法律法规和伦理道德框架。开展与人工智能应用相关的民事与刑事责任确认、隐私和产权保护、信息安全利用等法律问题研究，建立追溯和问责制度，明确人工智能法律主体及相关权利、义务和责任等。重点围绕自动驾驶、服务

机器人等应用基础较好的细分领域，加快研究制定相关安全管理法规，为新技术的快速应用奠定法律基础。开展人工智能行为科学和伦理等问题研究，建立伦理道德多层次判断结构及人机协作的伦理框架。制定人工智能产品研发设计人员的道德规范和行为守则，加强对人工智能潜在危害与收益的评估，构建人工智能复杂场景下突发事件的解决方案。积极参与人工智能全球治理，加强机器人异化和安全监管等人工智能重大国际共性问题研究，深化在人工智能法律法规、国际规则等方面的国际合作，共同应对全球性挑战（图4-26）。

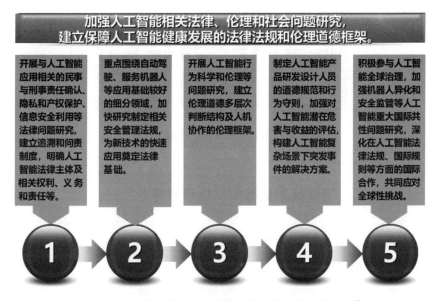

图4-26 制定促进人工智能发展的法律法规和伦理规范

## 二、完善支持人工智能发展的重点政策

落实对人工智能中小企业和初创企业的财税优惠政策，通过高新技术企业税收优惠和研发费用加计扣除等政策支持人工智能企业发展。完善落实数据开放与保护相关政策，开展公共数据开放利用改革试点，支持公众和企业充分挖

掘公共数据的商业价值，促进人工智能应用创新。研究完善适应人工智能的教育、医疗、保险、社会救助等政策体系，有效应对人工智能带来的社会问题（图 4-27）。

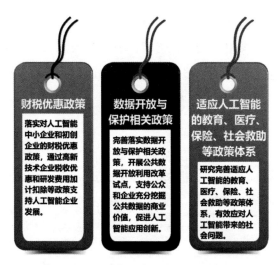

图 4-27　支持人工智能发展的重点政策

## 三、建立人工智能技术标准和知识产权体系

加强人工智能标准框架体系研究。坚持安全性、可用性、互操作性、可追溯性原则，逐步建立并完善人工智能基础共性、互联互通、行业应用、网络安全、隐私保护等技术标准。加快推动无人驾驶、服务机器人等细分应用领域的行业协会和联盟制定相关标准。鼓励人工智能企业参与或主导制定国际标准，以技术标准"走出去"带动人工智能产品和服务在海外推广应用。加强人工智能领域的知识产权保护，健全人工智能领域技术创新、专利保护与标准化互动支撑机制，促进人工智能创新成果的知识产权化。建立人工智能公共专利池，促进人工智能新技术的利用与扩散（图 4-28）。

图 4-28　建立人工智能技术标准和知识产权体系

## 四、建立人工智能安全监管和评估体系

加强人工智能对国家安全和保密领域影响的研究与评估，完善人、技、物、管配套的安全防护体系，构建人工智能安全监测预警机制。加强对人工智能技术发展的预测、研判和跟踪研究，坚持问题导向，准确把握技术和产业发展趋势。增强风险意识，重视风险评估和防控，强化前瞻预防和约束引导，近期重点关注对就业的影响，远期重点考虑对社会伦理的影响，确保把人工智能发展规制在安全可控范围内。建立健全公开、透明的人工智能监管体系，实行设计问责和应用监督并重的双层监管结构，实现对人工智能算法设计、产品开发和成果应用等的全流程监管。促进人工智能行业和企业自律，切实加强管理，加大对数据滥用、侵犯个人隐私、违背道德伦理等行为的惩戒力度。加强人工智能网络安全技术研发，强化人工智能产品和系统网络安全防护。构建动态的人工智能研发应用评估评价机制，围绕人工智能设计、产品和系统的复杂性、风险性、不确定性、可解释性、潜在经济影响等问题，开发系统性的测试方法和指标体系，

建设跨领域的人工智能测试平台，推动人工智能安全认证，评估人工智能产品和系统的关键性能（图4-29）。

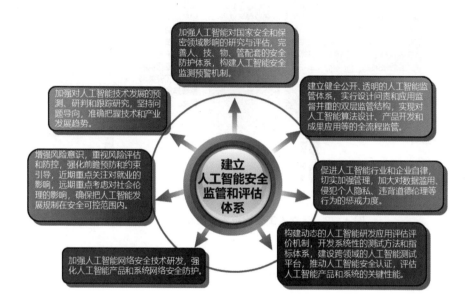

**图4-29 建立人工智能安全监管和评估体系**

## 五、大力加强人工智能劳动力培训

加快研究人工智能带来的就业结构、就业方式转变，以及新型职业和工作岗位的技能需求，建立适应智能经济和智能社会需要的终身学习和就业培训体系，支持高等院校、职业学校和社会化培训机构等开展人工智能技能培训，大幅提升就业人员专业技能，满足我国人工智能发展带来的高技能、高质量就业岗位需要。鼓励企业和各类机构为员工提供人工智能技能培训。加强职工再就业培训和指导，确保从事简单重复性工作的劳动力和因人工智能失业的人员顺利转岗（图4-30）。

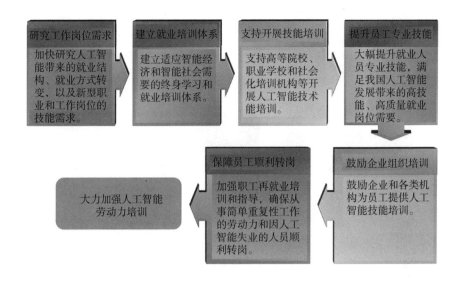

**图4-30 大力加强人工智能劳动力培训**

## 六、广泛开展人工智能科普活动

支持开展形式多样的人工智能科普活动，鼓励广大科技工作者投身人工智能的科普与推广，全面提高全社会对人工智能的整体认知和应用水平。实施全民智能教育项目，在中小学阶段设置人工智能相关课程，逐步推广编程教育，鼓励社会力量参与寓教于乐的编程教学软件、游戏的开发和推广。建设和完善人工智能科普基础设施，充分发挥各类人工智能创新基地平台等的科普作用，鼓励人工智能企业、科研机构搭建开源平台，面向公众开放人工智能研发平台、生产设施或展馆等。支持开展人工智能竞赛，鼓励进行形式多样的人工智能科普创作。鼓励科学家参与人工智能科普（图4-31）。

图 4-31　广泛开展人工智能科普活动

# 第五节　组织实施

新一代人工智能发展规划是关系全局和长远的前瞻谋划。必须加强组织领导、健全机制，瞄准目标，紧盯任务，以钉钉子的精神切实抓好落实，一张蓝图绘到底（图 4-32）。

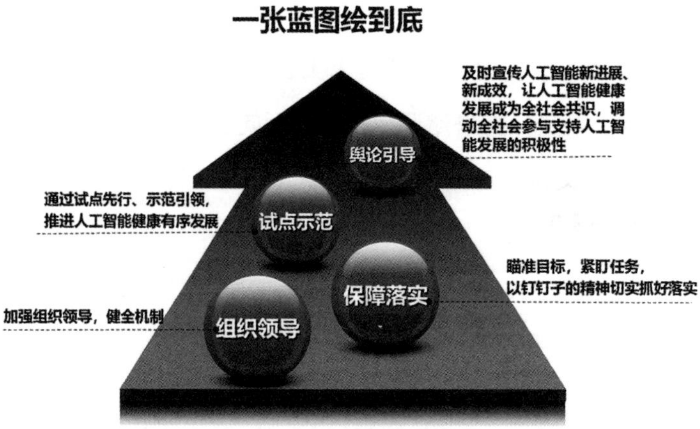

图 4-32　组织实施

## 一、组织领导

按照党中央、国务院统一部署，由国家科技体制改革和创新体系建设领导小组牵头统筹协调，审议重大任务、重大政策、重大问题和重点工作安排，推动人工智能相关法律法规建设，指导、协调和督促有关部门做好规划任务的部署实施。依托国家科技计划（专项、基金等）管理部际联席会议，科技部会同有关部门负责推进新一代人工智能重大科技项目实施，加强与其他计划任务的衔接协调。成立人工智能规划推进办公室，办公室设在科技部，具体负责推进规划实施。成立人工智能战略咨询委员会，研究人工智能前瞻性、战略性重大问题，对人工智能重大决策提供咨询评估。推进人工智能智库建设，支持各类智库开展人工智能重大问题研究，为人工智能发展提供强大智力支持。

## 二、保障落实

加强规划任务分解，明确责任单位和进度安排，制定年度和阶段性实施计划。建立年度评估、中期评估等规划实施情况的监测评估机制。适应人工智能快速发展的特点，根据任务进展情况、阶段目标完成情况、技术发展新动向等，加强对规划和项目的动态调整。

## 三、试点示范

对人工智能重大任务和重点政策措施，要制定具体方案，开展试点示范。加强对各部门、各地方试点示范的统筹指导，及时总结推广可复制的经验和做法。通过试点先行、示范引领，推进人工智能健康有序发展。

## 四、舆论引导

充分利用各种传统媒体和新兴媒体，及时宣传人工智能新进展、新成效，让人工智能健康发展成为全社会共识，调动全社会参与支持人工智能发展的积极性。及时做好舆论引导，更好应对人工智能发展可能带来的社会、伦理和法律等挑战。

第五章 ◉····

# 凝心聚力抓落实

各级领导干部要努力学习科技前沿知识，把握人工智能发展规律和特点，加强统筹协调，加大政策支持，形成工作合力。

——2018 年 10 月 31 日习近平总书记
在十九届中央政治局第九次集体学习时的讲话

## 第一节　部委协同

### 一、科技部

#### 1. 成立新一代人工智能发展规划推进办公室

2017 年 11 月 15 日，科技部召开新一代人工智能发展规划暨重大科技项目启动会，在会上宣布成立新一代人工智能发展规划推进办公室，并公布了首批国家新一代人工智能开放创新平台名单。

新一代人工智能发展规划推进办公室由科技部、发展改革委、工业和信息化部、中国科学院、中国工程院、军委科技委、中国科协等 15 个部门构成，负责推进新一代人工智能发展规划和重大科技项目的组织实施。新一代人工智能战略咨询委员会也同时宣布成立，其将为规划和重大科技项目实施，以及国家人工智能发展的相关重大部署提供咨询。战略咨询委员会由潘云鹤院士任组长，成员包括陈纯院士等 27 名专家。

首批国家新一代人工智能开放创新平台包括：依托百度公司建设自动驾驶国家新一代人工智能开放创新平台，依托阿里云公司建设城市大脑国家新一代人工智能开放创新平台，依托腾讯公司建设医疗影像国家新一代人工智能开放创新平台，依托科大讯飞公司建设智能语音国家新一代人工智能开放创新平台。

### 2. 组建新一代人工智能发展研究中心

为强化国家新一代人工智能发展规划实施的组织保障和研究支撑，2018 年 4 月 26 日，科技部组建新一代人工智能发展研究中心。研究中心依托中国科学技术信息研究所、中国科学技术发展战略研究院，广泛联系人工智能领域学者和产业界人士，旨在对人工智能发展战略和前沿技术方向提供咨询建议。中国科学技术信息研究所党委书记赵志耘研究员任新一代人工智能发展研究中心主任。

### 3. 启动实施科技创新 2030—"新一代人工智能"重大项目

2018 年 10 月 12 日，科技部官网公布科技创新 2030—"新一代人工智能"重大项目 2018 年度项目申报指南。通知称，为落实国务院印发的《新一代人工智能发展规划》的总体部署，现根据《新一代人工智能重大科技项目实施方案》启动实施科技创新 2030—"新一代人工智能"重大项目。2018 年度项目申报指南在新一代人工智能基础理论、面向重大需求的关键共性技术、新型感知与智能芯片 3 个技术方向启动 16 个研究任务，拟安排国拨经费概算 8.7 亿元。

### 4. 成立新一代人工智能治理专业委员会

2019 年 2 月 15 日，新一代人工智能发展规划推进办公室召开 2019 年工作会议。科技部王志刚部长在会上宣布成立新一代人工智能治理专业委员会，清华大学薛澜教授担任委员会主任。

2019 年 3 月 18 日，国家新一代人工智能发展规划推进办公室召开治理专业委员会第一次会议，薛澜、李仁涵、黄铁军、高奇琦、曾毅、周伯文、印奇出席会议，李开复先生提交书面建议。治理专业委员会主任薛澜介绍了人工智能治理的国际趋势，对各国推进人工智能发展的战略政策、法律法规、伦理规范进行了分析，提出了我国人工智能治理的重点考虑，并对委员会的工作提出建议。

2019年6月17日，国家新一代人工智能治理专业委员会发布《新一代人工智能治理原则——发展负责任的人工智能》（以下简称《治理原则》），提出了人工智能治理的框架和行动指南。《治理原则》旨在更好协调人工智能发展与治理的关系，确保人工智能安全可控可靠，推动经济、社会及生态可持续发展，共建人类命运共同体。《治理原则》突出了发展负责任的人工智能这一主题，强调了和谐友好、公平公正、包容共享、尊重隐私、安全可控、共担责任、开放协作、敏捷治理8条原则。

## 二、发展改革委

### 1. "互联网+"人工智能三年行动实施方案

2016年5月23日，发展改革委、科技部等4部门联合印发《"互联网+"人工智能三年行动实施方案》（以下简称《方案》）。《方案》提出，到2018年，打造人工智能基础资源与创新平台，人工智能产业体系、创新服务体系、标准化体系基本建立，基础核心技术有所突破，总体技术和产业发展与国际同步，应用及系统级技术局部领先。在重点领域培育若干全球领先的人工智能骨干企业，初步建成基础坚实、创新活跃、开放协作、绿色安全的人工智能产业生态，形成千亿级的人工智能市场应用规模。

《方案》明确，一是培育发展人工智能新兴产业。重点工程为核心技术研发与产业化工程、基础资源公共服务平台工程。二是推进重点领域智能产品创新。重点工程为智能家居示范工程、智能汽车研发与产业化工程、智能无人系统应用工程、智能安防推广工程。三是提升终端产品智能化水平。重点工程包括智能终端应用能力提升工程、智能可穿戴设备发展工程、智能机器人研发与应用工程。

在资金支持方面,《方案》提出,统筹利用中央预算内资金、专项建设基金、工业转型升级资金、国家重大科研计划等多种渠道,更好发挥财政资金的引导作用。完善天使投资、风险投资、创业投资基金及资本市场融资等多种融资渠道,引导社会多元投入。鼓励通过债券融资等方式支持企业发展,支持有条件的人工智能企业发行公司债券。

**2. 成立中国人工智能产业发展联盟**

2017 年 10 月 13 日,按照《"互联网 +"人工智能三年行动实施方案》有关部署,在发展改革委、科技部、工业和信息化部、中央网信办 4 部委共同指导下,中国人工智能产业发展联盟(AIIA)在北京宣布成立。中国工程院院士潘云鹤当选为第一届理事长,中国工程院院士高文当选为专家委员会主任。联盟由中国信息通信研究院、中国电子技术标准化研究院、国家工业信息安全发展研究中心等单位牵头发起,目前会员单位已达到 470 余家,设立了 10 个工作组、2 个推进组、2 个委员会,分别从评估认证、开源、芯片、安全、伦理等方面务实开展工作。

联盟将按照国家人工智能产业发展的相关要求和部署,依托健全的运营机制,搭建人工智能产业发展公共服务平台,聚焦重点领域,快速推动人工智能技术在生产制造、健康医疗、生活服务、城市治理等场景的应用,提升产业发展能力与水平。同时,将整合全产业链资源,促进人工智能科技成果和资源的积累与转化,搭建展示、宣传和交流平台,打造优良的产业生态,加快推动我国人工智能产业健康快速发展。

**3. 实施 2018 年"互联网 +"、人工智能创新发展和数字经济试点重大工程**

2017 年 10 月 11 日,发展改革委发布了《关于组织实施 2018 年"互联网 +"、人工智能创新发展和数字经济试点重大工程的通知》。通知称,为贯彻落实《"十三五"规划纲要》,加快推进"互联网 +"行动、人工智能发展规划、数字经济发展等重大部署，2018 年，发展改革委将组织实施"互联网＋"、人工智能创新发展和数字经济试点重大工程。本次重大工程围绕新一代人工智能发展规划，在 2017 年发展改革委重大工程的基础上进一步形成了更详细的任务落实系统安排，全面推进规划和重大科技项目启动实施。

2018 年 1 月 21 日，发展改革委公布了《2018 年"互联网＋"、人工智能创新发展和数字经济试点重大工程支持项目名单》。此次发展改革委首次明确了人工智能产业化的 6 个方向，分别是智能芯片、深度学习开源平台、人脸识别、语音识别、智能无人系统、智能机器人。包括云从科技、寒武纪、大疆、华为等国内顶尖企业的 56 个项目入选此次重大工程名单。

**4.《产业结构调整指导目录（2019 年本，征求意见稿）》**

2019 年 4 月 8 日，发展改革委就《产业结构调整指导目录（2019 年本，征求意见稿）》正式面向全社会公开征求意见。其中，再次鼓励支持人工智能的发展。

从《产业结构调整指导目录》来看，该目录主要由鼓励类、限制类、淘汰类 3 个类别组成。在鼓励类的产业中，发展改革委征求意见稿鼓励人工智能从以下方向发展。

①人工智能芯片；

②工业互联网、公共系统、数字化软件、智能装备系统集成化技术及应用；

③网络基础设施、大数据基础设施、高效能计算基础设施等智能化基础设施；

④虚拟现实（VR）、增强现实（AR）、语音语义图像识别、多传感器信息融合等技术的研发与应用；

⑤无人自主系统等典型行业应用系统；

⑥人工智能标准测试及知识产权服务平台；

⑦智能制造关键技术装备，智能制造工厂、园区改造；

⑧智能语音交互系统、智能翻译系统；

⑨可穿戴设备；

⑩智能机器人；

⑪智能家居；

⑫智能医疗，医疗影像辅助诊断系统；

⑬智能安防，视频图像身份识别系统；

⑭智能交通，智能运载工具；

⑮智能健康和养老；

⑯智能教育；

⑰智能环保；

⑱智慧城市。

## 三、工业和信息化部

2017 年 12 月 14 日，工业和信息化部印发了《促进新一代人工智能产业发展三年行动计划（2018—2020 年）》（以下简称《行动计划》），确定以信息技术与制造技术深度融合为主线，以新一代人工智能技术的产业化和集成应用为重点，推动人工智能和实体经济深度融合，加快制造强国和网络强国建设。

加快产业化和应用是人工智能发展的关键着力点。《行动计划》从推动产业发展角度出发，结合"中国制造 2025"，对《新一代人工智能发展规划》相关任务进行了细化和落实，以信息技术与制造技术深度融合为主线，推动新一代人工智能技术的产业化与集成应用，发展高端智能产品，夯实核心基础，提升智能制造水平，完善公共支撑体系。

《行动计划》按照"系统布局、重点突破、协同创新、开放有序"的原则，提出了 4 个方面的主要任务：一是重点培育和发展智能网联汽车、智能服务机器人、智能无人机、医疗影像辅助诊断系统、视频图像身份识别系统、智能语音交互系统、智能翻译系统、智能家居产品等智能化产品，推动智能产品在经济社会的集成应用。二是重点发展智能传感器、神经网络芯片、开源开放平台等关键环节，夯实人工智能产业发展的软硬件基础。三是深化发展智能制造，鼓励新一代人工智能技术在工业领域各环节的探索应用，提升智能制造关键技术装备创新能力，培育推广智能制造新模式。四是构建行业训练资源库、标准测试及知识产权服务平台、智能化网络基础设施、网络安全保障等产业公共支撑体系，完善人工智能发展环境。

力争到 2020 年，实现"人工智能重点产品规模化发展、人工智能整体核心基础能力显著增强、智能制造深化发展、人工智能产业支撑体系基本建立"的目标。

## 四、教育部

2018 年 4 月 3 日，教育部发布了《关于印发〈高等学校人工智能创新行动计划〉的通知》。通知称，为落实《国务院关于印发新一代人工智能发展规划的通知》（国发〔2017〕35 号），引导高等学校瞄准世界科技前沿，不断提高人工智能领域科技创新、人才培养和国际合作交流等能力，为我国新一代人工智能发展提供战略支撑，特制定《高等学校人工智能创新行动计划》。

《高等学校人工智能创新行动计划》以高校人工智能发展的基本情况为基础，兼顾当前需求和长远发展，重点明确 3 个阶段目标：一是到 2020 年，基本完成适应新一代人工智能发展的高校科技创新体系和学科体系的优化布局；二是到 2025 年，高校在新一代人工智能领域自主创新能力和人才培养质量显著提升，取得一批具有国际重要影响的原创成果，有效支撑我国产业升级、经济转型和智能社会建设；三是到 2030 年，高校成为建设世界主要人工智能创新中心的核心力量和引领新一代人工智能发展的人才高地，为我国跻身创新型国家前列提供科技支撑和人才保障。

《高等学校人工智能创新行动计划》从优化高校人工智能领域科技创新体系、完善人工智能领域人才培养体系、推动高校人工智能领域科技成果转化与示范应用 3 个方面出发，制定了 18 项重点任务，包括加强新一代人工智能基础理论研究，推动新一代人工智能核心关键技术创新，加快建设人工智能科技创新基地，加快建设一流人才队伍和高水平创新团队，加强高水平科技智库建设，加大国际学术交流与合作力度等。

在完善人工智能领域人才培训体系方面，《高等学校人工智能创新行动计划》提出要支持创新创业。鼓励国家大学科技园、创新创业基地等开展人工智能领域创新创业项目；认定一批高等学校"双创"示范园，支持高校师生开展人工智能领域创新创业活动；在中国"互联网＋"大学生创新创业大赛中设立人工智能方面的赛项，积极推动开展全国青少年科技创新大赛、"挑战杯"全国大学生课外学术科技作品竞赛等多层次、多类型的人工智能科技竞赛活动。

此外，在"丝绸之路"中国政府奖学金中支持人工智能领域来华留学人才培养，为沿线国家培养行业领军人才和优秀技能人才；鼓励和支持国内学生赴人工智能领域优势国家留学，加大对人工智能领域留学的支持力度，多方式、多渠道利用国际优质教育资源；依托"联合国教科文组织中国创业教育联盟"，加大和促进人工智能创新创业的国际交流与合作。

## 第二节　地方行动

自 2017 年 7 月中国《新一代人工智能发展规划》（以下简称《规划》）发布以来，全国各地掀起了发展人工智能的热潮，纷纷把人工智能作为引领未来的旗舰产业进行培育。目前，已经从省、市、区、县和产业园等多级层面出台了相关扶持政策。

据不完全统计，自《规划》发布至 2018 年年底，有 19 个省（区、市）包括北京市、天津市、上海市、重庆市、黑龙江省、吉林省、辽宁省、甘肃省、河南省、江苏省、浙江省、安徽省、福建省、贵州省、江西省、广东省、广西壮族自治区、四川省、云南省，发布了 26 个人工智能专项政策；沈阳市、南京市、长沙市、成都市、厦门市、东莞市 6 市发布了人工智能专项扶持政策；上海市徐汇区、上海市杨浦区、上海市长宁区、上海市闵行区、广州南沙区、广州黄埔区、深圳市福田区、湖州市德清县 8 个区（县）发布了 10 余项人工智能扶持政策；常州科教城、南京开发区、杭州未来科技城、合肥高新区、北京中关村科技园区、武汉东湖高新区、西安经济技术开发区、西安高新区、贵阳国家高新区、湘江新区、中国声谷等产业园区也制定发布了人工智能专项政策。

各地区通过《规划》引导的人工智能发展方向，提出了各自的发展定位与目标。北京市力图打造具有全球影响力的人工智能创新中心，上海市希望建成具有全球影响力的人工智能发展高地，四川省希望建成中西部人工智能创新研发和产业化高地，辽宁省的目标是成为东北亚人工智能创新中心。各地区的发展定位与自身的地缘环境、现有产业基础关联密切。

针对不同的发展定位，各地区制定了各具特色的发展规划。北京市要在理论和技术上齐头并进，力图在近两年培育一批具有国际影响力的人工智能领军人才和创新团队，并使新一代人工智能总体技术和应用达到世界先进水平。上海市实施"智能上海"（AI@ SH）行动计划，推进人工智能产业布局、应用赋能、技术创新和生态营造，加速向人工智能创新策源、应用示范、制度供给和人才集聚高地进军。山东省紧紧围绕全省新旧动能转换重大工程部署，加快培育一批领军企业和拳头产品、一批关键共性技术、一批公共服务载体。广东省打造国际先进的新一代人工智能产业发展战略高地，为打造国家科技产业创新中心、实施粤港澳大湾区建设战略、奋力实现"四个走在全国前列"提供强大支撑。

## 一、北京市

2018 年 11 月 14 日，在中国（北京）跨国技术转移大会开幕式上，北京市科学技术委员会正式发布北京智源行动计划。同时，北京智源人工智能研究院（BAAI）揭牌成立（图 5-1）。

**图 5-1　北京智源人工智能研究院成立大会**

北京智源行动计划是在科技部和北京市政府的指导和支持下，由政府部门、企业、高校、院所等共同提出，是北京服务人工智能发展的顶层设计，是凝聚各方智慧的行动方案。其愿景和目标是按照国家新一代人工智能发展规划总体部署，支持科学家勇闯人工智能科技前沿"无人区"，推动人工智能理论、方法、工具、系统等方面取得变革性、颠覆性突破，引领人工智能学科前沿和技术创新方向，推动北京成为全球人工智能学术思想、基础理论、顶尖人才、企业创新和发展政策的源头，支撑人工智能产业发展，促进人工智能深度应用，改变人类社会生活，改变世界。

北京智源行动计划将重点开展 4 项任务：第一，以共享数据、智能计算编程框架和算力基础设施为核心，推动算法开源，构建创新生态，打造北京智源开放服务平台；第二，推动原始创新，共建高水平联合实验室，围绕人工智能领域重大核心基础理论问题，开展跨学科、大协同的创新攻关；第三，培养引进并举，集聚高端人才；第四，加强产学研合作，举办全球人工智能峰会，把北京打造成为链接世界人工智能产业与学术资源的中心枢纽。

### 1. 北京智源人工智能研究院

按照北京智源行动计划的部署，北京市科学技术委员会和海淀区政府推动成立北京智源人工智能研究院。北京智源人工智能研究院是北京市继脑科学与类脑研究中心、量子信息科学研究院之后，着力建设的又一个重要的新型研发机构。研究院依托北京大学、清华大学、中国科学院、百度、旷视、美团点评、小米、字节跳动等人工智能领域优势单位，建设开放服务平台，召开人工智能峰会，协调推进联合实验室和人才培养，采用国际接轨、灵活自主的运行机制，实现研究院"轻装上阵""跑得更快"。研究院实行理事会领导下的院长负责制，微软亚太研究集团原首席技术官、资本投资合伙人张宏江博士担任首届理事长，北京大学计算机系主任黄铁军教授担任首任院长，研究院将充分发挥企业主体作用，政府则重点着力制定政策、创造环境、搞好服务。同时，北京市将把政府、企业和社会数据集合到该平台上，建设新的开源人工智能工具，并整合大学和大企业的计算能力，向各类 AI 研发机构开放，供全球的人工智能研究人员参与使用。

**2. 首个国家新一代人工智能创新发展试验区**

2019 年 2 月 20 日，科技部官网正式发布《科技部关于支持北京建设国家新一代人工智能创新发展试验区的函》，标志着我国首个国家新一代人工智能创新发展试验区正式成立。北京国家新一代人工智能创新发展试验区的成立，是北京市全力推动人工智能发展的又一重大举措。该试验区将以体制机制创新为突破口，大力推进北京智源行动计划，培养和集聚创新人才，加强布局基础前沿研究，构建政产学研金用一体的协同创新体系，建设人工智能开放创新平台，构建一批人工智能应用场景，开展人工智能应用示范，完善和建立有利于人工智能健康发展的政策措施、安全伦理和法律法规，并率先开展先行先试，推动人工智能标准制定等，探索人工智能创新发展新模式、新思路，促进人工智能与经济社会发展深度融合。

## 二、上海市

2017 年 10 月 26 日，上海市人民政府办公厅印发《关于本市推动新一代人工智能发展的实施意见》的通知。提出要发挥上海数据资源丰富、应用领域广泛、产业门类齐全的优势，立足国际视野、加强系统布局，全面实施"智能上海"（AI@SH）行动，形成应用驱动、科技引领、产业协同、生态培育、人才集聚的新一代人工智能发展体系，推动人工智能成为上海建设"四个中心"和具有全球影响力的科技创新中心的新引擎，为上海建设卓越的全球城市注入新动能。

2018 年 9 月 17 日，在世界人工智能大会上，上海发布《关于加快推进人工智能高质量发展的实施办法》。包含 22 条人才建设、数据开放与应用、产业协同、产业布局、政府引导及投融服务的政策支持，并提出"1+3+8+8"的战略落地的目标，即 1 个基金、3 个研究院、8 个 AI 创新平台和 8 个 AI 创新中心（实验室）。

2019 年 5 月 15 日，工业和信息化部复函上海市人民政府，支持建设上海（浦东新区）人工智能创新应用先导区，标志着全国首个人工智能创新应用先导区在上海启动建设。上海计划以浦东新区为基础，创建国家人工智能先导区，进一步加速上海人工智能技术—产业迭代，探索创新应用新模式，积累融合发展新经验，为全国进一步推动人工智能和实体经济融合发展提供示范方案。国家人工智能先导区建设目标是：到 2021 年，初步建成具有国际竞争力的人工智能核心产业集聚区、全国人工智能创新技术和产品的应用先行区，以及人工智能行业标准规范的创新策源区，形成辐射长三角乃至全国的示范效应，带动全国人工智能高质量发展。

2019 年 5 月 25 日上午，在浦江创新论坛全体大会上，科技部与上海市共同启动上海国家新一代人工智能创新发展试验区建设。这是继北京之后，我国第二个国家新一代人工智能创新发展试验区。上海国家新一代人工智能创新发展试验区将围绕国家重大战略和上海市发展需求，着力突破人工智能发展面临的痛点、难点问题，围绕"创新策源、场景驱动、开放联动、治理协同"的总体建设思路，以营造世界一流创新生态为基础，以促进人工智能与经济社会发展深度融合为主线，以提升人工智能科技创新能力为主攻方向，以场景驱动与治理创新融合试验为战略抓手，系统推进人工智能创新迭代发展，加快向具有全球影响力的人工智能创新策源、应用示范、制度供给和人才集聚"四个高地"进军。到 2023 年，集"理论、技术、应用、人才和治理"于一体，构筑综合性开放型战略优势，形成全国领先、世界先进的示范引领效应。

## 三、天津市

2018 年 10 月 22 日，天津市人民政府发布《天津市新一代人工智能产业发展三年行动计划（2018—2020 年）》。提出到 2020 年，天津市人工智能产业总体水平居全国前列，人工智能核心产业规模达到 150 亿元，带动相关产业规模达到 1300 亿元。

## 四、深圳市

2019 年 5 月 10 日，深圳市人民政府发布《深圳市新一代人工智能发展行动计划（2019—2023 年）》。提出到 2023 年，深圳市将建成 20 家以上创新载体，培育 20 家以上技术创新能力处于国内领先水平的龙头企业，打造 10 个重点产业集群，人工智能核心产业规模突破 300 亿元，带动相关产业规模达到 6000 亿元，将深圳发展成为我国人工智能技术创新策源地和全球领先的人工智能产业高地。

## 五、江苏省

2018 年 5 月 11 日，江苏省印发《江苏省新一代人工智能产业发展实施意见》。该实施意见结合江苏实际和产业发展前景，提出到 2020 年，使江苏的新一代人工智能产业规模和总体竞争力处于国内第一方阵，成为全国人工智能产业创新发展的引领区和应用示范的先行区。

## 六、广东省

2018 年 8 月 16 日，广东省人民政府印发《广东省新一代人工智能发展规划》。

明确将在关键核心技术攻关、智能创新融合应用、产业园区创新发展、科技企业引进培育、产业生态系统构建等几大方面形成协同发展新动能，加快推进人工智能与经济、社会、产业的深度融合发展。目标到 2020 年，人工智能核心产业规模突破 500 亿元，带动相关产业规模达到 3000 亿元；到 2030 年，人工智能基础层、技术层和应用层实现全链条重大突破，总体创新能力处于国际先进水平。

## 七、四川省

2018 年 9 月 28 日，四川省人民政府印发《四川省新一代人工智能发展实施方案》。提出围绕四川省装备制造、军民融合、民生及社会治理等关键领域，大力发展"人工智能＋军民融合"新模式，加快提升社会治理和民生服务的智能化水平。力争到 2020 年，人工智能基础研究、关键技术、重点产品、行业示范应用和产业发展等取得积极进展，人工智能关键技术和应用与国内外先进水平同步，人工智能产业初具规模并成为重要经济增长点；力争到 2025 年，人工智能基础理论研究实现重大突破，部分技术与应用达到世界先进水平，人工智能新产业、新业态、新模式加速涌现，建成 5 个左右人工智能产业聚集区，培育 30 家左右人工智能创新标杆企业，形成人工智能核心产业规模超 1000 亿元，带动相关产业规模 5000 亿元以上，"人工智能＋"成为带动四川省产业升级和经济转型的新动力；到 2030 年，人工智能总体发展水平进入国内领先行列，形成核心技术、关键系统、支撑平台、智能应用完备的产业链和高端产业群，建成中西部人工智能创新研发和产业化高地，人工智能产业成为引领四川经济社会快速发展的主导产业。

## 八、山东省

2018 年 11 月 6 日，山东省工业和信息化厅印发《山东省新一代人工智能产业发展三年行动计划（2018—2020 年）》。提出实施"1+2+5+N"驱动计划，打造 1 个联盟（人工智能产业联盟）、2 个支撑（专家智库与产业基金）、5 个聚集区（济南、青岛、烟台、潍坊、威海）的人工智能产业发展格局，加快培育一批领军企业和拳头产品、一批关键共性技术、一批公共服务载体，推动人工智能与全省经济社会各领域融合发展。力争到 2020 年在核心技术、支撑平台、创新应用和产业发展等方面取得重要进展，人工智能产业与实体经济深度融合，产业发展环境不断优化，人工智能总体技术与产业发展水平居于全国前列，打造具有山东特色的人工智能产业体系。

## 九、浙江省

2019 年 2 月 19 日，浙江省印发《浙江省促进新一代人工智能发展行动计划（2019—2022 年）》，提出未来浙江省将从技术、硬件、产品、应用、人才等各个方面来发展人工智能，争取到 2022 年，在关键领域、基础能力、企业培育、支撑体系等方面取得显著进步，成为全国领先的新一代人工智能核心技术引领区、产业发展示范区和创新发展新高地。

## 十、湖南省

2019 年 2 月 28 日，湖南省工业和信息化厅发布《湖南省人工智能产业发展三年行动计划（2019—2021 年）》，提出到 2021 年，湖南省人工智能核心产业规模达到 100 亿元，带动相关产业规模达到 1000 亿元，人工智能产业总体水平位居全国前列，人工智能产业链不断完善，基础支撑持续增强，初步形成具有国内重要影响力的人工智能创新引领区、人工智能产业集聚区和人工智能应用示范区。

# 第三节　企业发力

据《中国新一代人工智能发展报告 2019》统计，截至 2019 年 2 月 28 日，报告共检测到 745 家人工智能企业，仅次于排名第一的美国。中国的人工智能企业主要分布在北京市、广东省、上海市和浙江省，企业创建时间集中在 2010—2016 年，峰值出现在 2015 年。无论从融资额还是从应用领域的拓展看，中国人工智能企业都表现出良好的成长性。投融资方面，745 家人工智能企业中，2018 年发生融资事件的企业为 577 家，融资总额为 3832.22 亿元，是 2017 年的 2.04 倍，排名全球第一。

## 一、人工智能产业链布局

从产业链的角度来看，人工智能行业可分为基础层、技术层和应用层。基础层提供计算力，主要包含人工智能芯片、传感器、大数据及云计算。技术层解决具体类别问题。这一层级主要依托运算平台和数据资源进行海量识别训练和机器学习建模，开发面向不同领域的应用技术，包括语音识别、自然语言处理、计算机视觉和机器学习技术。应用层解决实践问题，主要是指人工智能技术针对行业提供的产品、服务和解决方案，其核心是商业化。应用层企业将人工智能技术集成到自己的产品和服务中，从特定行业或场景进行切入（金融、安防、交通、医疗、制造、机器人等）（图 5-2）。

作为人工智能发展的基础，以芯片为载体的计算力是人工智能发展水平的重要衡量标准。从市场角度来看，对人工智能芯片的需求主要来自训练、云端和终端推断 3 个方面，由此形成了包括训练、云端和终端的人工智能芯片市场。截至目前，在通用类 AI 芯片领域，美国英伟达公司的 GPU 占统治地位。谷歌也以其 ASIC 芯片和 TensorFlow 的软硬件结合构建了横跨训练和云端推断层的 TPU 生态。我国由于基础薄弱，在训练层市场上鲜有发展。在云端 AI 芯片市场，各大巨头纷纷在 FPGA 芯片 + 云计算上布局。FPGA 芯片的主要企业包括英特

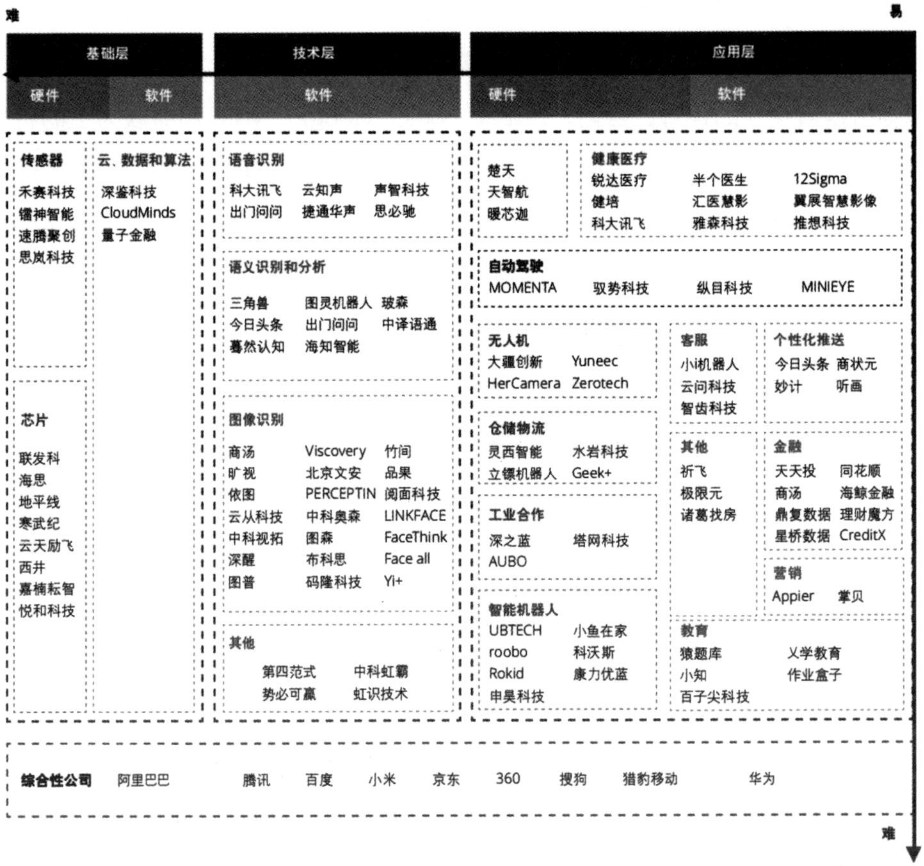

难　　　　　　　　　　　　　　　　　　　　　　　　　　　　　易

| 基础层 | | 技术层 | 应用层 | |
| --- | --- | --- | --- | --- |
| 硬件 | 软件 | 软件 | 硬件 | 软件 |

**基础层**

硬件 — 传感器：禾赛科技、镭神智能、速腾聚创、思岚科技

软件 — 云、数据和算法：深鉴科技、CloudMinds、量子金融

硬件 — 芯片：联发科、海思、地平线、寒武纪、云天励飞、西井、嘉楠耘智、悦和科技

**技术层（软件）**

语音识别：科大讯飞　云知声　声智科技　出门问问　捷通华声　思必驰

语义识别和分析：三角兽　图灵机器人　玻森　今日头条　出门问问　中译语通　蓦然认知　海知智能

图像识别：商汤　Viscovery　竹间　旷视　北京文安　品友　依图　PERCEPTIN　阅面科技　云从科技　中科奥森　LINKFACE　中科视拓　图森　FaceThink　深醒　布科思　Face all　图普　码隆科技　Yi+

其他：第四范式　中科虹霸　势必可赢　虹识技术

**应用层**

健康医疗 — 硬件：楚天、天智航、暖芯迦、科大讯飞；软件：锐达医疗、健培、汇医慧影、雅森科技、半个医生、翼展智慧影像、12Sigma、推想科技

自动驾驶：MOMENTA　驭势科技　纵目科技　MINIEYE

无人机：大疆创新　Yuneec　HerCamera　Zerotech

客服：小机器人　云问科技　智齿科技

个性化推送：今日头条　商状元　妙计　听画

仓储物流：灵西智能　水岩科技　立镖机器人　Geek+

其他：祈飞　极限元　诸葛找房

金融：天天投　同花顺　商汤　海鲸金融　鼎复数据　理财魔方　星桥数据　CreditX

工业合作：深之蓝　塔网科技　AUBO

营销：Appier　掌贝

智能机器人：UBTECH　小鱼在家　roobo　科沃斯　Rokid　康力优蓝　申昊科技

教育：猿题库　义学教育　小知　作业盒子　百子尖科技

综合性公司：阿里巴巴　腾讯　百度　小米　京东　360　搜狗　猎豹移动　华为

难

**图 5-2　中国人工智能产业链布局**

资料来源：德勤，中国人工智能产业白皮书。

尔、Altera。目前，包括亚马逊 AWS、微软 Azure、IBM、Facebook 都采用了 FPGA 加速服务器。中国的云计算数据中心阿里云、腾讯云、百度云也在云端推断市场进行了布局。终端 AI 芯片是高度定制化的终端推断设备。在终端推断方面，针对智能手机、无人驾驶、计算机视觉、VR 设备等相关的芯片公司包括苹果、Mobileye、Movidus、微软等。目前，中国在终端人工智能芯片方面也有了长足的发展。寒武纪、地平线和深鉴科技等中国芯片厂商都在终端人工智能芯片的商用上取得了良好的成绩。

　　算法作为人工智能技术的引擎主要用于计算、数据分析和自动推理。目前，美国是人工智能算法发展水平最高的国家。从高校科研到企业的算法研发，美国都占据着绝对的优势。目前，以 Facebook、Google、IBM 和微软为主的科技巨头均将人工智能的重点布局在算法和算法框架等门槛高的技术之上。在中国，目前仅少数几家科技巨头拥有针对算法的开放平台。其中，百度的 Paddle-paddle 平台是典型的深度学习算法的开源平台。

　　以深度学习为主的机器学习技术离不开海量的数据进行学习和推断，因此，海量的数据成为人工智能前沿技术发展最重要的资源之一。中国的科技企业通过互联网发展期的积累，获得了海量的数据，随着数据的价值在人工智能时代日益凸显，这些数据也将逐渐演变成企业的重要资产和竞争力。据 IDC 估算，全球数据总量预计 2020 年将达到 44 ZB，中国的数据量将占全球数据总量的 18%，在 2020 年达到 7.9 ZB。目前，中国在以数据量为发展前提的计算机视觉和语义理解算法上有了长足的进步，涌现了商汤、依图、Face++、科大讯飞等独角兽企业和上市公司。

　　广阔的产业及解决方案市场是我国人工智能发展的一大优势。2018 年 6 月 13 日，在"2018 全球智能＋新商业峰会"上，亿欧公司创始人黄渊普发布了《2018 中国人工智能商业落地研究报告》与"2018 中国人工智能商业落地 100 强榜单"（图 5-3）。"中国人工智能公司商业落地 100 榜单"主要以人工智能公司的营业收入、客户质量、数量及美誉度等为评判标准，并参考投融资、创始团队背景、产品和服务能力等基础信息，从商业落地能力等务实角度，对人工智能企业的实力进行综合考量。榜单中的 100 家中国人工智能企业（非上市）主要分布于北京（49 家）、上海（22 家）、深圳（11 家）等中国 12 个城市，涉及安防（16 家）、医疗（10 家）、金融（8 家）等 10 个领域。包括商汤科技、旷视科技、影谱科技、优必选、寒武纪、海尔优家、眼神科技、云从科技在内的多家 AI 领域领先企业营收规模均在 10 亿～ 20 亿元。

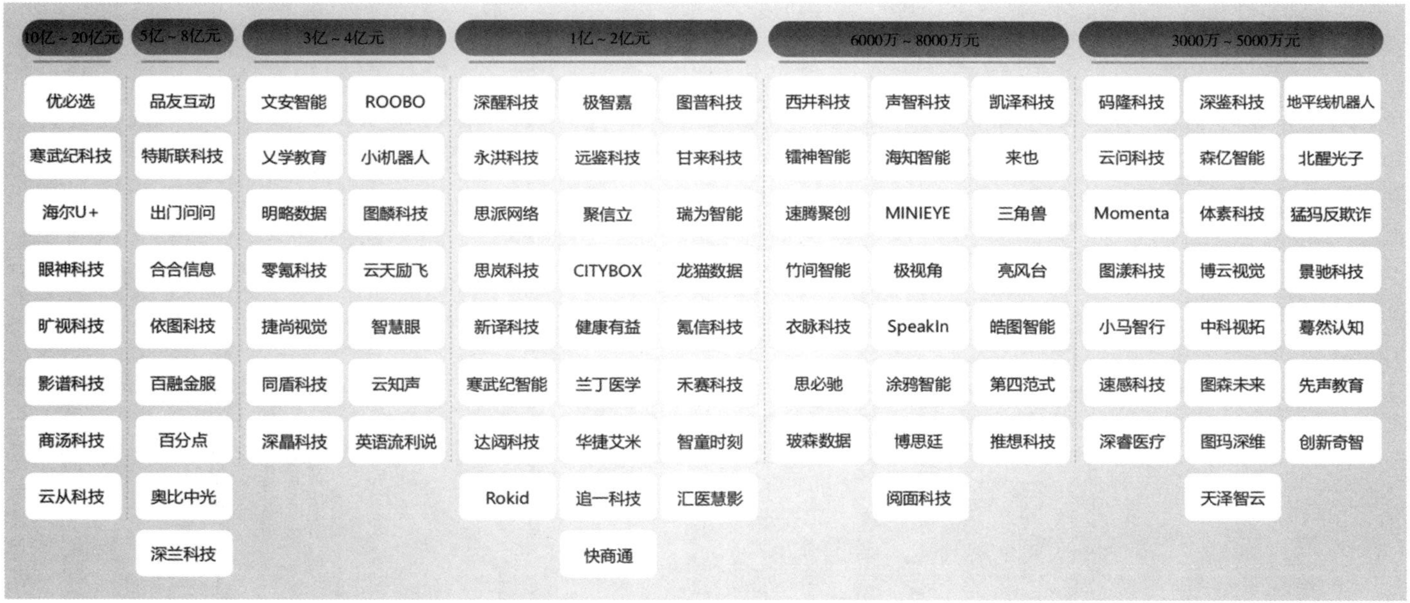

| 10亿～20亿元 | 3亿～8亿元 | 3亿～4亿元 | 1亿～2亿元 | | 6000万～8000万元 | | 3000万～5000万元 | |
|---|---|---|---|---|---|---|---|---|
| 优必选 | 品友互动 | 文安智能 | ROOBO | 深醒科技 | 图普科技 | 西井科技 | 声智科技 | 凯泽科技 | 码隆科技 | 深鉴科技 | 地平线机器人 |
| 寒武纪科技 | 特斯联科技 | 义学教育 | 小i机器人 | 永洪科技 | 极智嘉 | 铠耐智能 | 海知智能 | 来也 | 云问科技 | 森亿智能 | 北醒光子 |
| 海尔U+ | 出门问问 | 明略数据 | 图麟科技 | 思派网络 | 远鉴科技 | 速腾聚创 | MINIEYE | 三角兽 | Momenta | 体素科技 | 猛犸反欺诈 |
| 眼神科技 | 合合信息 | 零氪科技 | 云天励飞 | 思岚科技 | 聚信立 | CITYBOX | 竹间智能 | 亮风台 | 图漾科技 | 博云视觉 | 景驰科技 |
| 旷视科技 | 依图科技 | 捷尚视觉 | 智慧眼 | 新译科技 | 健康有益 | 龙猫数据 | 极视角 | 皓图智能 | 小马智行 | 中科视拓 | 鹭然认知 |
| 彭博科技 | 百融金服 | 同盾科技 | 云知声 | 寒武纪智能 | 三丁医学 | 氪信科技 | 思必驰 | 第四范式 | 速感科技 | 图麟未来 | 先声教育 |
| 商汤科技 | 百分点 | 深鉴科技 | 英语流利说 | 达闼科技 | 兰丁医学 | 禾赛科技 | 涂鸦智能 | 推想科技 | 图玛深维 | 创新奇智 |
| 云从科技 | 奥比中光 | | | Rokid | 追一科技 | 智源时刻 | 玻森数据 | 博思廷 | | 深睿医疗 | |
| | 深兰科技 | | | | 快商通 | 汇医慧影 | 闪面科技 | | 天泽智云 | | |

图 5-3　2018 中国人工智能商业落地 100 强榜单

资料来源：亿欧公司。

## 二、开源开放创新平台

人工智能应用场景不断渗透，各类开放创新平台纷纷涌现，以百度、阿里云、腾讯、科大讯飞、商汤科技为代表的新一代人工智能开放创新平台不断汇聚创新资源、促进众创共享。深度学习平台开源开放，成为人工智能协同创新的公共平台。

### 1. 自动驾驶国家新一代人工智能开放创新平台

百度于 2013 年开启无人驾驶项目，其技术核心是"百度汽车大脑"，包括高精度地图、定位、感知、智能决策与控制四大模块。2017 年以来，百度加速了无人驾驶的布局，对外公布了 Apollo 1.5 版本，开放了包含障碍物感知、决策规划、云端仿真、高精地图服务、端到端的深度学习五大核心开放能力，并支持昼夜定车道自动驾驶。在 2017 百度世界大会上，Apollo 发布人车 AI 交互系统：Apollo 小度车载系统（开放了智能语音助手、人脸识别、疲劳监测、AR 导航、HMI、车家互联、智能安全七大 AI 能力）及可量产的自动驾驶产品 Apollo Pilot（图 5-4）。

**图 5-4 百度 Apollo 开放路线**

资料来源：百度。

百度建设的 Apollo 自动驾驶平台是全球首个系统级开放的自动驾驶开放创新平台，旨在向汽车行业及自动驾驶领域的合作伙伴提供一个开放、完整、安全的软件平台，帮助企业结合车辆和硬件系统，快速搭建一套属于自己的完整的自动驾驶系统。百度还开放了 Apollo Scape 大规模自动驾驶数据集，数据量达到同类数据集的 10 倍以上，包括感知、仿真场景、路网数据等数十万帧逐像素语义分割标注的高分辨率图像数据。该数据集进一步涵盖更复杂的环境、天气和交通状况等，是全球规模最大的自主驾驶技术开源数据集，为自动驾驶技术迭代提供数据支撑。自动驾驶创新平台孵化了大批量自动驾驶新品，率先打造 Apollo Zone 园区解决方案，加速了产品量产。目前，Apollo 平台上的开发者已遍布全球主要国家，拥有超过 130 家生态合作伙伴。

**2. 城市大脑国家新一代人工智能开放创新平台**

2016 年 10 月，阿里巴巴公司宣布开展"杭州城市数据大脑"计划。城市大脑的内核采用阿里云 ET 人工智能技术，可以对整个城市进行全局实时分析，自动调配公共资源，修正城市运行中的错误与漏洞。阿里指出，"城市大脑"可以为城市带来的 3 个突破：城市治理模式的突破，城市服务模式的突破和城市产业发展的突破。我们的城市数据资源的积累将比世界任何一个国家都快，这给我们一个重要的机会，用比发达国家更先进的办法解决城市发展问题（图 5-5）。

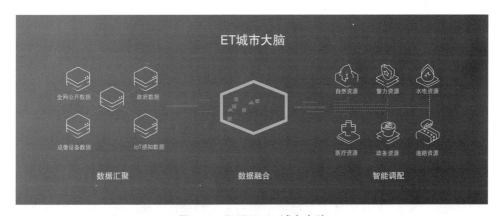

**图 5-5　阿里云 ET 城市大脑**

资料来源：阿里云。

阿里云建设的城市大脑国家人工智能开放创新平台为城市安防治理、城市公共服务及其他各行业的智能应用构建起开放、多元的生态体系，为新一代人工智能技术在智能社会各个领域中的创新应用提供支撑服务。城市大脑能够对城市中的交通事件、事故进行全方位的实时感知，识别准确率达到 95% 以上，可以实时准确地预测全区域未来的车流、人流情况，并基于预测信息对区域停车场进行管理，提升交通效率；并且为城管、安监、消防、住建、公安等政府各职能部门提供市政事件的视频自动巡逻告警服务，代替人工巡查，做到防微杜渐，从根本上消除市政建设中的各类隐患点，提高市政管理的智能化水平。城市大脑可以把现实世界实时映射到三维场景中，旨在构建全时空感知、全要素联动、全周期迭代的智慧城市。

目前，ET 城市大脑已经在杭州、苏州等地落地。杭州城市大脑接管了杭州128 个信号灯路口，试点区域通行时间减少 15.3%，高架道路出行时间节省 4.6分钟。在主城区，城市大脑日均事件报警 500 次以上，准确率达 92%；在萧山，120 救护车到达现场时间缩短一半。此外，城市大脑开放平台在交通、公共安全、安全监测、消防、住建等方面的应用部署已经取得一系列进展，已累计向杭州、苏州、衢州、成都、北京、上海、嘉兴、海口，以及澳门、吉隆坡等政府客户提供了上千台专有云服务器的计算资源，支持对海量多路视频数据实时分析处理。平台的开放生态，将带动当地厂商共同拓展人工智能市场，培育当地人工智能产业发展。

### 3. 医疗影像国家新一代人工智能开放创新平台

腾讯于 2017 年 8 月正式发布了人工智能医学影像产品"腾讯觅影"，涉及疾病包含食管癌、肺癌、糖网病、宫颈癌和乳腺癌等 6 个人工智能系统。目前，"腾讯觅影"AI 影像已实现了单一病种到多病种的应用扩张，从早期食管癌筛查拓展至肺癌、乳腺癌、结直肠癌、宫颈癌及多种眼底疾病的筛查。其中，结直肠肿瘤筛查 AI 系统打造了全球首个应用人工智能技术的腺瘤、非腺瘤和腺癌三分类识别系统，实时鉴别结直肠癌准确率达 97.20%。"腾讯觅影"AI 辅诊平台能够辅助医生诊断、预测 700 多种疾病，涵盖了医院门诊 90% 的高频诊断（图 5-6）。

**图 5-6　腾讯理疗影像国家人工智能开放创新平台**

资料来源：腾讯。

依托腾讯开放平台聚集 1300 万合作伙伴的资源优势，以及腾讯觅影在医疗 AI 领域取得的技术突破，医疗影像国家新一代人工智能开放创新平台将从创新创业、全产业链合作、学术科研、惠普公益 4 个维度推动国家人工智能战略在医疗领域的落地，构建一个医疗机构、科研团体、器械厂商、AI 创业公司、信息化厂商、高等院校、公益组织等多方参与的开放平台，共同推进 AI 技术在医学影像、辅助诊断、医疗机器人等众多医疗环节的探索和应用。

在创新创业方面，联合腾讯开放平台的"AI 加速器"，腾讯公司将开放 AI 技术、投资、导师、产业资源、市场五大资源，开启 AI 创业者学员招募，助力专注于人工智能医疗的创业团队打磨自身 AI 产品，完成项目升级。

在全产业链合作方面，腾讯觅影目前已经与国内众多三甲医院建立了人工智能医学实验室，医学专家与腾讯人工智能专家一起合作推进 AI 技术在医学领域的探索。

在学术科研方面，医疗影像国家新一代人工智能开放创新平台将通过联合课题研究、前沿应用探索和跨行业学术研究，与国内外医学专家和学术期刊共同为 AI+ 医疗学术科研出谋划策。中国工程院院士、国家消化病临床医学研究中心主任李兆申，中国医学科学院、北京协和医学院教授乔友林等多位医学名家受邀成为腾讯觅影的特邀高级学术顾问。此外，腾讯公司还宣布与国际医学出版社 AME 达成战略合作，联合出品专注人工智能医学研究的学术期刊，以推动人工智能医学科研成果的产品化进程。

在惠普公益方面，继 2018 年 12 月携手揭阳市政府、腾讯公益基金会及揭阳市人民医院等合作多方，利用腾讯觅影启动全国首个早期食管癌公益筛查后，腾讯公司将进一步推动"科技 + 公益"新模式。近期，腾讯公司携手全球领先的制药公司阿斯利康等合作伙伴，在无锡市政府、无锡市卫生计生委的指导下，由李兆申院士带领，共同构建消化道肿瘤防治中心（GICC）平台，推动试点医联体建设和胃癌早筛试点，腾讯觅影的 AI 能力助力无锡消化道肿瘤防治中心(GICC) 实施早期胃癌公益筛查项目，进一步落实在基层医院展开早期癌症公益筛查。

### 4. 智能语音国家新一代人工智能开放创新平台

在智能语音方面，科大讯飞在历次国内外语音合成评测中，各项关键指标均排名第一。在产业生态构建方面，科大讯飞率先发布了全球首个提供移动互联网智能语音交互能力的讯飞开放平台，并相继推出了讯飞输入法、灵犀语音助手等示范性应用，与广大合作伙伴携手推动各类语音应用深入教育、医疗、司法、智慧城市、客服等各个领域（图 5-7）。

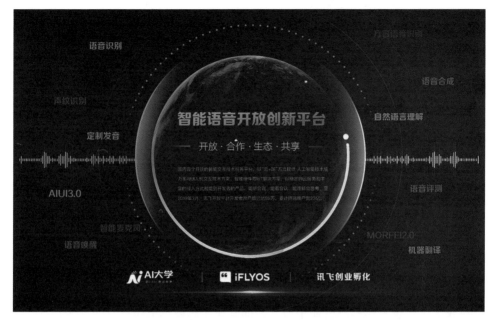

**图 5-7　科大讯飞智能语音开放创新平台**

资料来源：科大讯飞。

作为全球首个开放的智能交互技术服务平台，科大讯飞推出的以语音交互技术为核心的人工智能开放平台致力于为开发者打造一站式智能人机交互解决方案。用户可通过互联网、移动互联网，使用任何设备，在任何时间、任何地点，随时随地享受讯飞开放平台提供的"听、说、读、写……"全方位的人工智能服务。目前，开放平台以"云＋端"的形式向开发者提供语音合成、语音识别、语音唤醒、语义理解、人脸识别、个性化彩铃、移动应用分析等多项服务。

2018 年，智能语音开放创新平台主导和参与的 6 项智能语音相关国家标准获批正式发布，构建了智能语音技术与应用领域自主知识产权和标准体系，形成可持续的产学研系统创新机制，为推动智能语音的技术进步和产业发展提供了重要支撑。截至 2018 年年底，智能语音开放创新平台已经研发和汇聚了超过 170 项以语音为主的 AI 技术能力，接入的开发者总量达 92 万，研发完成的总应用数达 57.7 万，累计终端用户数 22 亿人，日均服务量达 47 亿次。

### 5. 智能视觉国家新一代人工智能开放创新平台

作为信息交互的重要载体，人类 80% 以上的信息都来源于视觉，因此，发展智能视觉技术具有重大意义。商汤科技依托 20 年的人工智能科研技术积淀，以原创技术为基石，构建了集基础研究、产业结合、行业伙伴于一体的中国人工智能新生态，积极打造一个开放共享的智能视觉开放创新平台，加速计算机视觉技术在诸多行业的应用落地，并取得了大量成果和丰富经验。商汤自主研发了多架构高性能计算库，具备强大的异构兼容性，支持服务器端和移动端主流硬件，并能够迅速响应新架构。商汤推出的 SenseParrots 深度学习训练平台支持大规模分布式异构处理器集群训练，提供高性能计算优化、高可用性保证，可实现跨平台快速部署。商汤同时加大对智能视觉工具链、人脸相关技术研发、OCR 技术研发等关键共性技术的研发投入，取得了一系列重要突破，技术和算法已接入不同垂直领域的行业用户，帮助其快速搭建相关应用（图 5-8）。

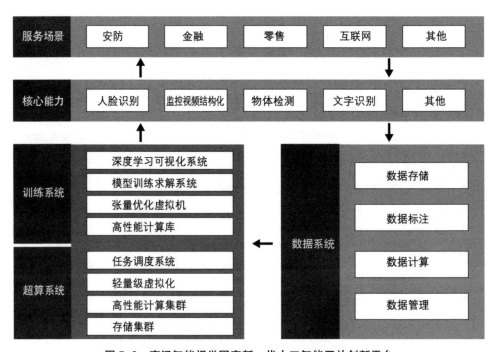

**图 5-8 商汤智能视觉国家新一代人工智能开放创新平台**

资料来源：商汤科技。

　　商汤科技智能视觉国家新一代人工智能开放创新平台将在以下 4 个方面发挥核心使命。

　　①通过超算系统、训练系统、智能视觉工具链等核心基础的研发及数据系统的构建，在基础研究和核心技术上与国际保持同步研发水平；

　　②实现智能视觉底层关键技术和共性支撑技术的突破，促进智能视觉技术与多行业的快速结合、产业赋能；

　　③建立人工智能国际化人才体系和培养国际化人才；

　　④通过人工智能赋能，创造以众创空间、孵化器为代表的大众创业、万众创新的生态环境，促进新旧动能转换。

　　商汤希望借助国家开放创新平台的建设，对外输出自身的技术服务能力，让高门槛的人工智能技术可以为企业所用，尤其是中小型企业，推动人工智能技术的开放共享。目前，商汤智能视觉开放创新平台已经与十几个行业的 700多家合作伙伴合作，覆盖智慧城市、智能手机、互动娱乐及广告、汽车、金融、零售、教育、地产等多个产业领域，打造完善的"AI+"产业生态。

# 第六章

# 以人为本善治理

要加强人工智能发展的潜在风险研判和防范，维护人民利益和国家安全，确保人工智能安全、可靠、可控。要整合多学科力量，加强人工智能相关法律、伦理、社会问题研究，建立健全保障人工智能健康发展的法律法规、制度体系、伦理道德。

——2018 年 10 月 31 日习近平总书记
在十九届中央政治局第九次集体学习时的讲话

人工智能领域是当前人类所面对的最为重要的技术和社会变革，在深刻改变人类物质生产体系的同时，人工智能也将逐渐改变人类的社会关系与社会行为。在国务院 2017 年印发的《新一代人工智能发展规划》中明确提到，要"加强人工智能相关法律、伦理和社会问题研究，建立保障人工智能健康发展的法律法规和伦理道德框架。开展与人工智能应用相关的民事与刑事责任确认、隐私和产权保护、信息安全利用等法律问题研究，建立追溯和问责制度，明确人工智能法律主体，以及相关权利、义务和责任等。"

# 第一节 AI 潜在的风险与挑战

在看到人工智能发展带来的种种益处的同时，我们也应该清醒地认识到，人工智能作为一种潜力巨大的颠覆性技术，带来的机遇与挑战是并存的。尤其是近年来，人工智能在诸多领域都得到了广泛的应用，一些问题也逐渐暴露出来，如人工智能的安全风险、隐私、算法歧视、行业冲击、失业、收入分配差异扩大、责任分担、监管难题、机器人权利，以及对人类道德伦理价值的冲击等。可以预见，随着新一代人工智能的发展，如何预先分析评估伴随技术发展和应用所带来的社会影响与风险显得尤为重要。

## 一、算法歧视与数据偏见

长久以来，大多数的人都认为，算法决策是更倾向于公平的，因为数学关乎方程，而非肤色。人类决策受到诸多有意或者无意的偏见及信息不充分等因素的影响，可能影响结果的公正性。所以，存在一种利用数学方法将人类社会事务量化、客观化的思潮，Fred Benenson 将这种对数据的崇拜称为数学清洗（Mathwashing），也就是说，利用算法、模型、机器学习等数学方法重塑一个更加客观的现实世界。《人类简史》的作者将之称为"数据宗教"，对数据的使用未来将成为一切决策工作的基础，从垃圾邮件过滤、信用卡欺诈检测、搜索引擎、热点新闻趋势到广告、保险或者贷款资质、信用评分，大数据驱动的机器学习和人工智能介入并影响越来越多的决策工作，认为大数据、算法等可以消除决策程序中的人类偏见。然而，这不过是妄想，是一厢情愿。

2014 年，亚马逊公司曾经开发了一套"算法筛选系统"来帮助亚马逊在招聘的时候筛选简历，开发小组开发出了 500 个模型，同时教算法识别 50 000 个曾经在简历中出现的术语，让算法学习在不同能力上分配的权重，但是久而久之，开发团队发现算法对男性应聘者有着明显的偏好，当算法识别出"女性"相关词汇的时候，便会给简历相对较低的分数，如女子足球俱乐部等；算法甚至会直接给来自两所女校的学生降级。这个算法最终被路透社曝光，而亚马逊公司也停止了算法的开发和使用。2015 年，谷歌照片（Google Photos）应用上线后不久，其面部识别算法错误地将照片中的黑人标记为"大猩猩"，在当时引发了巨大的争议。2016 年，调查性新闻机构 ProPublica 经过分析发现，美国各地法院中广泛应用的犯罪风险评估算法 COMPAS 存在对黑人的偏见，该算法将黑人被告错误地标记为"高暴力累犯风险"的可能性是白人被告被错误标记可能性的两倍。2018 年，麻省理工学院媒体实验室的一项研究测试了微软、IBM 和旷视科技的人脸检测算法，发现相比于浅肤色的男性，算法对深肤色的女性的分类错误率可高出 34.4%（图 6-1）。

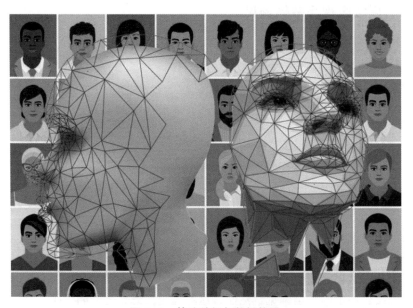

**图 6-1　算法歧视与数据偏见**

如今，人们的网络生活日益受到算法的左右。在网络空间，算法可以决定你看到什么新闻，听到什么歌曲，看到哪个好友的动态，看到什么类型的广告；可以决定谁得到贷款，谁得到工作，谁获得假释，谁拿到救助金，诸如此类。当然，基于算法、大数据、数据挖掘、机器学习等技术的人工智能决策不局限于解决信息过载这一难题的个性化推荐。当利用人工智能系统对犯罪人进行犯罪风险评估时，算法可以影响其刑罚；当自动驾驶汽车面临道德抉择的两难困境，算法可以决定牺牲哪一方；当将人工智能技术应用于武器系统，算法可以决定攻击目标。其中存在一个不容忽视的问题：当将本该由人类负担的决策工作委托给人工智能系统，算法能否做到不偏不倚？如何确保公平之实现？算法歧视（algorithmic bias）由此成为一个需要正视的问题。规则代码化带来的不透明、不准确、不公平、难以审查等问题，需要认真思考和研究。

## 二、数据泄露与隐私侵害

2018 年 3 月 17 日，《卫报》和《纽约时报》披露称，英国政治咨询公司剑桥分析（Cambridge Analytica）在未经同意和告知的情况下通过一款问答 APP 窃取了至少 8700 万名 Facebook 用户的数据，然后把这些数据卖给特朗普的竞选团队，以使其得以在 2016 年总统大选中向 Facebook 用户实现消息精准投放。这款问答 APP 最大的问题是，参加问答测试的人根本没有 8700 万人之多——最多几十万人。这款 APP 暴露了 Facebook 的一个漏洞，即它不仅可以获取测试用户的数据，还可以获取他们所有朋友的数据——这些人甚至从未参加过测试，也从未与这款 APP 有过任何互动。虽然没有多少证据表明 Facebook 或者 Cambridge Analytica 公司在本次丑闻中获得的数据影响了特朗普的选举，但它表明 Facebook 对用户数据的所谓"隐私保护"是多么不堪一击。更重要的是，这起丑闻作为"分水岭时刻"让公众意识到自己数据蕴藏的力量，以及自己的数据可以被用来操纵他们（图 6-2）。

事实上，数据和隐私保护问题一直存在，然而"数据智能"的到来和大规模应用使得人们对数据越发渴望，再加上以深度学习为代表的机器学习技术的发展推动了"用户画像"（user profiling）和个性化推荐等的广泛应用，这些都给数据与隐私保护带来了新形式的挑战。如何在保护个人数据隐私与更好地利用个人数据造福社会之间取得平衡；如何能够做到既充分尊重和保障个人隐

**图 6-2　数据泄露与隐私侵害**

私的基本权利，同时又充分利用社会群体数据来促进人工智能发展；如何帮助诸如社会医疗系统、社会信用系统等更好地服务社会；如何抵御对数据与人工智能的滥用，维护社会主义民主政治安全等，这些问题都值得进一步研究。

## 三、黑客攻击与安全威胁

从手机扫码支付、智能穿戴设备，到人脸识别的无人店、人工智能机器人，互联网的应用日新月异，深刻改变着我们每一个人的工作和生活。但是，如果有黑客瞄上了你的设备，盗取信息，为所欲为，那你的生活还能安全吗？

作为全球首个探索人工智能与专业安全的前沿平台，GeekPwn 在创建之初就开始关注 AI 安全，2017 年 10 月 24 日及 11 月 13 日，分别在上海及硅谷举办的 GeekPwn 2017 国际安全极客大赛更是将人工智能挑战赛作为当年的重点项目。为展示挑战人工智能的各种可能性，GeekPwn 2017 特设"人工智能安全挑战专项"，分为"Pwn AI"及"AI Pwn"两部分。前者是利用可能存在的漏洞向AI发起攻击，而后者则是将AI作为攻击手段，去突破攻击目标（图6-3）。

图 6-3　GeekPwn 2017 国际安全极客大赛

在GeekPwn 2017的现场，黑客演示了他们如何欺骗和攻击目前被广泛使用的面部识别、声纹识别、虹膜识别等生物识别这一号称"牢不可破"的技术。今年第2次参加GeekPwn大赛的90后女黑客"tyy"通过利用设备本身存在的漏洞，仅用两分半钟的时间就能直接修改设备中的人脸信息，从而实现用任意人脸欺骗门禁系统，打破了人脸识别系统的安全人设，颠覆人们眼见为实的认知。另外，在GeekPwn2017的"AI仿声验声攻防赛"上，5组选手在现场根据当下火热的游戏《王者荣耀》里的英雄人物——妲己等英雄配音者所提供的声音样本，模拟了其声纹特征，合成一段"攻击"语音，对现场提供的4个具有声纹识别功能的设备发起攻击，欺骗并通过"声纹锁"的验证。同样脑洞大开的安全演示还有来自百度安全实验室 xLab 的选手，他在现场演示了一幕本该存在于电影中的场景——克隆"人"。选手通过复制目标人物的生物识别特征，成功实现对人脸、虹膜的克隆。未来，脸部、声音、虹膜等独一无二的生物特征也许将再也不能帮助你"验明正身"了。选手在现场表示，目前，生物识别技术并不完善，攻击者利用这些漏洞随意入侵，获取用户的个人信息。

深入挖掘智能生活的潜藏威胁也是 GeekPwn 2017 的精彩项目，智能手机、智能摄像头都是舞台上的热门"破解单品"。在 GeekPwn 2017 的现场，一部装有最新 iOS 系统的 iPhone 8 手机中的照片被选手轻而易举地盗取了。据选手透露，此次发现的漏洞将会影响从 iPhone 6 到 iPhone 8 甚至更早期型号的iPhone 用户。而蚂蚁金服巴斯光年安全实验室的成员则带来了一个覆盖亿万安卓用户的漏洞：通过恶意的网页链接在手机中植入木马病毒，仅用 5 秒的时间，就能在不经过用户授权的情况下，远程在手机中强行装入恶意 APP。中国科学院信息工程研究所 VARAS 团队及猎豹移动安全实验室的选手带来了两组利用漏洞获取网络摄像头权限的演示。在他们的演示下，智能摄像头将不再是你用来监控家里猫咪和狗的"眼睛"，也可能成为坏人监控你起居生活的工具。

随着人工智能系统在越来越多领域的应用，其自身越来越容易成为网络攻击的目标，而现有机器学习系统的脆弱性更使得这样的攻击有机可乘。例如，通过对抗性技术，对原始图像进行人眼难以分辨的修改，可以使图像识别算法以高确信度错误地将校车识别为鸵鸟，将大熊猫识别为长臂猿，将 3D 打印的海龟模型识别为步枪，或者通过戴上特制眼镜来使面部识别算法忽略某个人或将其识别为其他人。甚至，通过攻击算法生成的贴纸来修改真实物理世界的路牌，可以使标准的路牌识别算法将"停车"（STOP）标识错误地识别为限速标识。可以预见，这样的技术在未来将会给诸如人脸验证、自动驾驶技术等广泛应用的场景带来巨大的安全风险。另外，人工智能技术作为一种新工具，也越来越多地被用于进行网络攻击和防御。人工智能可以助力于系统防御，帮助判定是否遭受了攻击、识别恶意软件或是判断欺诈，以较低的成本强化大量系统的安全性；反之，人工智能技术亦可以助力于网络攻击的成本，自动化的网络攻击可以自动寻找系统漏洞并生成程序进行攻击，同时，包括上述对抗性技术在内的人工智能算法亦会被攻击者所滥用。

2018 年，一份由牛津大学、剑桥大学、OpenAI 等多家机构的 26 名专家编写的《人工智能的恶意使用：预测、预防和缓解》报告对人工智能技术的潜在威胁发出警告。该报告写道："随着人工智能越来越强大，越来越普及，我们预计人工智能系统的广泛应用将导致现有威胁的扩大，还会引发新的威胁，甚至改变典型的威胁特征。"

## 四、就业冲击与文化区隔

2016 年 12 月，斯蒂芬·霍金公开表示："工厂的自动化已经减少了传统制造业的就业岗位，人工智能的兴起，则有可能进一步破坏中产阶级的就业，只有那些最需要付出关怀、最有创意、最需要监督的岗位能保留下来。"人工智能会终结就业吗？人工智能会加剧经济不平等吗？这也是许多人非常关注的问题。

人工智能和人有一点重要的区别：软件能成规模地扩增，人却不能。也就是说，一旦人工智能在特定任务上的表现超过了人类，岗位流失很快就会发生。麦肯锡全球研究所的分析预计，到 2030 年，人工智能预计将取代 4 亿～ 8 亿人的工作，3 亿多人被迫改行换业。因此，对人工智能和机器人将广泛替代、置换人类工作，以及加深经济和社会不平等的担忧开始浮出水面，甚至连医生、律师、程序员、文创人员等高技能人群亦被预测为"难逃此劫"。有人呼吁"普遍基本收入"制度，有人呼吁对机器人征税，人工智能对就业和收入的影响一时间成为公共话语的焦点。由此，人工智能和机器人及其带来的更深、程度更高的自动化（automation）将如何影响劳动力市场的短期和长期结构及收入分配成为国际社会的焦点话题（图 6-4）。

此外，人工智能的应用还可能会引发收入分配差异扩大，加剧社会分层。人工智能对不同职业的不同影响可能会产生加剧收入分配不平等和减少中产阶级工作的趋势，同时，依靠人工智能带来的巨大经济红利若无法公平分享，那

图6-4　就业冲击与文化区隔

么少数依靠人工智能收获大量财富的群体和大多数面临失业风险和薪资下降的群体之间的矛盾亦会凸显。因此，如何通过税收、社会保障等政策抵消上述不平等的加剧，让人工智能带来的好处尽可能平等地惠及所有人，也是需要研究的问题。

无论是数据算法中针对"未被代表"的弱势群体的偏见与歧视，还是中低阶层可能面临的技术性失业和薪资下降，抑或是贫困群体缺乏的对人工智能的了解和使用，这些因素都有可能加剧社会的分化和区隔。可以预见，享受到种种人工智能红利的少数群体越发地拥抱人工智能，而受到人工智能发展带来的负面影响的边缘群体则可能会越发地远离、抵制甚至仇视人工智能技术，两个群体间的区隔和对立、社会的两极分化因而会被不断加剧。上述情景是我们不愿看到的。我们需要确保人工智能的发展有益于人类和社会。这将不仅仅需要少数人工智能企业的自律与社会责任意识，更需要政策制定者的积极引导、相关部门的监督管理、广大民众的积极参与，需要社会各界的共同努力，确保人工智能的发展广泛地惠及所有人。

## 第二节 国际社会的关注与行动

人工智能所带来的社会风险与伦理挑战是跨地域、跨领域的。为了确保发展有益的人工智能，联合国、欧盟、美国、英国、日本等纷纷通过出台政策、法规、指南及报告等形式，积极探讨人工智能可能引发的伦理与社会问题及应对措施。各种学术组织机构、非政府组织也相继成立，积极推动人工智能伦理与安全的研究与合作，制定研究规范与标准。一方面，从技术角度研究降低人工智能安全与伦理风险的方法；另一方面，借助准则、报告和标准等提出相关议题和建议，促进相关政策的制定。一些从事人工智能研究的企业，如谷歌、微软等，也纷纷成立伦理委员会加强监管，提出自己的人工智能发展原则，并成立产业联盟共同应对人工智能的社会伦理挑战。

2018 年以来，全球包括英国、日本、欧盟、印度、澳大利亚、加拿大、法国、德国、新加坡、阿拉伯联合酋长国及美国等十余个国家和地区在部署实施人工智能发展战略时，明确将人工智能治理问题纳入其总体战略，提出确保本国人工智能健康发展的基本原则。其中，已提出人工智能道德伦理准则的包括：2018 年 6 月新加坡发布《AI 治理和道德的三个新倡议》；2018 年 12 月欧盟发布《可信赖的人工智能道德准则草案》；2018 年 12 月日本内阁府发布《以人类为中心的人工智能社会原则》等。

综合来看，这些国家和地区对人工智能治理进行部署推进的共同点主要包括 4 个方面：一是设立专门委员会或专家组开展人工智能伦理道德规范研究，以为政府提供决策咨询。二是坚持以人为中心的人工智能治理理念，部分国家强调要与本国价值观相一致。三是积极参与人工智能全球治理。四是加快调整部分领域监管规则，寻求相关行业健康发展。然而，目前各国对人工智能的治理仍然仅仅停留在原则和框架层面，具体到人工智能技术开发规则。例如，如何使之严格遵守"人工智能系统不伤害人类""人工智能决策应具备可解释性"等规则，各国都尚未提出明确的解决方案。目前，推进进度较快的主要是在自动驾驶这样的领域进行立法和监管，成体系化的法律和规范建设尚显遥远。

## 一、联合国

2015 年 9 月，联合国教科文组织（UNESCO）的世界科学知识与技术伦理委员会（COMEST）成立了工作组，讨论机器人伦理的问题。2016 年 8 月，工作组发布了《机器人伦理报告（初步草案）》。2017 年 9 月，COMEST 审议通过了最终版《机器人伦理报告》（*Report of Comest on Robotics Ethics*）。报告中，COMEST 提出了一种基于技术的伦理框架。该框架针对（确定性）指令型机器人与（非确定性）认知型机器人的区别，分别提出了关于机器人伦理的建议。报告进一步确立了一系列伦理价值和原则，有助于从国家法律和国际公约到工程师行为守则等不同层面以一致的方式来为机器人领域确定规则。报告中强调的价值和原则包括人类尊严、自主、隐私、安全、责任、善行和公正。其中，人类责任原则是报告所讨论的各种价值观的共同主线。

2015 年，联合国犯罪和司法研究所（UNICRI）启动了其人工智能和机器人项目。2017 年 9 月，在荷兰政府和海牙市的支持下，UNICRI 签署了东道国协定，正式建立了第一家联合国人工智能和机器人中心来规范人工智能的发展。该中心致力于从犯罪和安全的角度，通过提高公众认识、教育、信息交流和利益攸关方协调等方式，理解和解决人工智能和机器人技术带来的风险和机遇。为此，UNICRI 建立了一个庞大的利益攸关方国际网络，包括国际刑警组织（INTERPOL）、国际电信联盟（ITU）、电气和电子工程师协会（IEEE）、负责任机器人基金会（Foundation for Responsible Robotics）、世界经济论坛（World Economic Forum）、未来智能中心（CFI）等，积极推进关于人工智能与机器人治理的讨论。

国际电信联盟作为联合国信息通信技术事务的主管机构，已成为联合国指导人工智能创新、实现可持续发展目标的主要机构，并"为政府、工业界和学术界提供一个中立的平台，以便对新兴的人工智能技术的能力，以及随之而来的技术标准化和政策指导需求达成共识"。为此，自 2017 年起，国际电信联盟每年都会组织"人工智能造福人类全球峰会"（AI for Good Global Summit），作为"联合国人工智能对话的主要平台"。峰会重点关注相关战略的制定，以确保人工智能技术的可信、安全和包容性发展，并使所有人能够平等地获取人工智能带来的好处。

2015 年 10 月，联合国大会第 70 届会议举办了"迎接国际安全和人工智能的挑战"活动。2017 年 10 月，联合国经济及社会理事会联席会议（经社理事会）和第二委员会审议了人工智能对可持续发展的作用和影响。联合国发展小组还就数据隐私、数据保护和数据道德提供了一般性指导。联合国"促进可持续发展数据革命问题独立专家咨询小组"就如何调动大数据促进可持续发展提出了建议。"联合国特定常规武器公约"也成为讨论与致命性自主武器系统（LAWS）有关的问题的论坛。

2017 年 11 月， 联合国发布《AI 技术革命对劳动力市场和收入分配的影响》报告，指出人工智能等前沿技术有望引领一场新技术革命，对几乎每个行业、所有国家产生深远影响，但需要其成为通用技术且被广泛传播和采用，因此，其社会经济影响将是一个长期的过程，不会在短期内就全部实现。报告认为，淡化新技术对劳动力市场和不平等的影响这一想法是没有依据的，但技术将引起 80% 的失业率也是不切实际的。AI 等技术只是会取代某些任务而不是整个职业，而且新技术也会创造就业机会，并且要求工人具备新的技能。根据技术发展影响就业的历史经验，AI 等技术在短期内可能破坏部分手动或者认知的常规工作任务，但长期将创造更多就业机会。具有高度灵活性、创造力和强大的解决问题和人际关系技能的高技能工人将继续受益于 AI 和其他新技术。总体而言，技术创新不会导致总体失业和普遍失业，而是以兼职或副业的形式导致更高水平的不充分就业。因此，联合国呼吁在新技术和数据跨境、分享和学习各国经验及支持弱势国家等方面加强国际合作，确保发展中国家和最不发达国家能够依托新技术参与全球市场。

## 二、欧盟

2015 年 1 月，欧洲议会法律事务委员会（JURI）决定成立工作组，专门研究机器人与人工智能发展中的法律问题（主要侧重在民事法律领域）。经过随后两年的系列会议和草案，2017 年 2 月 16 日，欧洲议会正式表决通过了《机器人民事法律规则》（Civil Law Rules on Robotics）的决议。决议建议欧盟委员会就人工智能与机器人的治理问题提出立法提案，并考虑指定专门机构负责在机器人与人工智能方面提供技术上、伦理上和监管上的专业支持，以帮助欧盟及各成员国能够及时地、符合伦理地、明智地应对机器人与人工智能带来的机遇和挑战。决议还呼吁"欧盟委员会和会员国鼓励相关研究项目以促进对人工智能和机器人技术可能存在的长期风险和机遇的研究，并鼓励尽快发起有组织的公开对话来讨论开发这些技术所产生的后果。"

2017 年 10 月，欧洲理事会（European Council）表示，欧盟"需要一种紧迫感来应对 AI 等新兴趋势，同时确保高水平的数据保护、数字权利和道德标准"，并同时邀请欧盟委员会提出欧盟的人工智能发展战略。

2018 年 3 月 9 日，欧盟委员会主席的独立咨询机构——欧洲科学与新技术伦理组织（European Group on Ethics in Science and New Technologies，EGE）发布了《关于人工智能、机器人与"自主"系统的声明》。声明要求，启动相关流程建立一个机器人技术和"自主"系统的设计、生产、使用和治理的共同的、国际公认的伦理和法律框架。在声明中，EGE 还"基于《欧洲联盟基本条约》和《欧洲联盟基本权利宪章》所体现的基本价值观"，提出了 9 条《伦理原则和民主先决条件》（简称"EGE 9 条原则"），即人类尊严，自主，责任，正义、公平和团结，民主，法治和问责制，安全性、保险性、身体和精神完整性，数据保护和隐私，可持续性。

2018 年 4 月 10 日，欧洲 25 个国家共同签署了《人工智能合作宣言》，各国同意以欧洲现有的人工智能投入及数字化单一市场建设的成果为基础，就人工智能所引发的一系列重要问题开展合作，确保欧洲在人工智能研究和部署方面的竞争力，共同应对人工智能带来的社会、经济、道德和法律挑战。

2018 年 4 月 25 日，欧盟委员会向欧洲议会、欧洲理事会、欧盟理事会、欧洲经济与社会委员会及地区委员会提交了《欧盟人工智能》通报（Communication Artificial Intelligence for Europe），正式提出了欧盟的人工智能战略。通报提出，为了确保适当的人工智能伦理和法律框架，欧盟委员会将起草人工智能伦理准则，评估现有的安全与责任法律框架，并帮助个人和消费者群体充分了解和使用人工智能。具体来讲，欧盟委员会将采取以下措施。

①在 2018 年年底之前，制定人工智能伦理准则草案。草案的制定将充分考虑《欧洲联盟基本权利宪章》，在"EGE 9 条原则"的基础上，充分借鉴其他人工智能伦理准则的内容，并广泛邀请各企业、学术机构和其他民间机构做出贡献。

②在 2019 年年中之前，根据技术发展情况，发布解读欧盟《产品责任法指令》（Product Liability Directive）的指导性文件，以寻求消费者和生产者在面对缺陷产品时的法律明确性。

③在 2019 年年中，发布一份关于人工智能、物联网及机器人等领域的广泛影响、潜在差距与方向、责任和安全框架的报告。

④支持对开发"可解释的人工智能"（explainable AI）的研究，支持将欧洲议会提出的"算法意识建设"（algorithmic awareness building）项目作为试点项目实施，收集坚实的证据基础，以支持通过政策设计来应对包括偏见、歧视在内的自动化决策（automated decision-making）所带来的问题。

⑤支持国家和欧盟层面的消费者组织和数据保护监督机构，在欧洲消费者咨询小组（European Consumer Consultative Group）和欧洲数据保护委员会（European Data Protection Board）的协助下，建立对人工智能驱动的相关应

用的理解。

2018 年 6 月 14 日，欧盟委员会成立了人工智能高级专家组（High-Level Expert Group on Artificial Intelligence，以下简称"高级专家组"），旨在支持欧盟人工智能战略的落地实施。高级专家组由从将近 500 位申请者中筛选出的 52 位来自学术界，企业界和民间社会的专家代表组成，主要任务有以下 3 个方面。

①为欧盟委员会接下来应对人工智能中长期挑战和机遇提供建议，上述建议将被纳入欧盟政策制定、立法评估和下一代数字战略的制定过程中。

②向欧盟委员会提出人工智能伦理准则草案。草案应涵盖人工智能的公平、安全、透明等主题，以及对未来就业、民主，还有对《欧洲联盟基本权利宪章》适用的影响（包括隐私和个人数据保护、尊严、消费者保护和不受歧视）等。

③作为"欧洲人工智能联盟"（European AI Alliance）论坛的指导小组，协助欧盟委员会建立更广泛的利益共同体以吸纳各界参与，与其他倡议互动，分享信息并收集参与者对专家组和欧盟委员会工作的意见，将其反映在其分析和报告中。

除此之外，欧盟委员会也于当天正式上线了"欧洲人工智能联盟"论坛及其线上平台。"任何对人工智能感兴趣的人都可以通过注册会员，与高级专家组的专家进行互动，为伦理准则草案的制定提供建议。"同时，该平台上的相关讨论也将"直接促进欧洲关于人工智能的辩论，并将参与欧盟委员会在该领域的政策制定。"

2018 年 12 月 7 日，欧盟委员会发布了欧盟及其成员国的《人工智能协调计划》，以促进欧洲人工智能的研发和应用。计划主题为"人工智能欧洲造"（AI made in Europe），包含两大关键原则：一是"设计伦理"（ethics by design），即从设计过程之初就要考虑基于《通用数据保护条例》的伦理和法律原则，符合竞争法要求并消除数据偏见；二是"设计安全"（security by design），即从设计过程之初就要考虑网络安全、受害者的保护和执法活动的便利化。计划中再一次确认了要开发"伦理与可信赖的人工智能",要求"从全球视角制定道德准则并确保创新—友好(innovation-friendly)的法律框架",并"愿意向分享相同价值观的所有非欧盟国家开放合作",使得"欧洲可以成为开发和使用人工智能造福人类,推动'以人为本'(human-centric)方法和'设计伦理'原则的全球领导者"。

2018 年 12 月 18 日,欧盟委员会高级专家组如期发布了第一版人工智能伦理准则——《可信赖的人工智能伦理准则(草案)》(*Draft Ethics Guidelines For Trustworthy AI*)。草案认为,"从总体上讲,人工智能所带来的好处要大于其风险",必须确保"尽可能地最大化人工智能的好处,减小其带来的风险"。为此,应该采取"以人为本"方法,将"可信赖的人工智能"(trustworthy AI)作为指引发展的北极星,因为"只有人类社会信任这项技术,才能够有信心充分地获取人工智能带来的好处。"其中,"可信赖的人工智能"包含两大组成要素:一是确保"合伦理的目标"(ethical purpose),即应该尊重基本权利、适用法规、核心原则和价值观;二是确保"技术鲁棒"(technically robust),即不仅要能够抵抗恶意攻击,在正常使用中也应该做到不带来意外的伤害。

为了实现上述目标,草案提出了"可信赖的人工智能框架",框架分为3 个部分:第一部分明确"合伦理的目标",即由(基本)权利(rights)、(伦理)原则(principles)和价值观(values)共同构成。基本权利是制定伦理原则的基石;价值观反过来为如何坚持伦理原则提供更具体的指导,同时,也进一步为基本权利提供支撑。为此,草案进一步梳理了涉及人工智能领域的 5 类权利,并提出了 5 条必须遵守的原则和价值观。框架的第二部分讨论如何具体实现"合伦理的目标"及"技术鲁棒"。为此,草案将上述抽象原则具体化为 10 项对人工智能系统和应用的具体要求,并进一步从技术与非技术两个角度讨论了实现方法。框架的第三部分进一步针对上述 10 项具体要求,针对不同的使用案例提出了可操作化的评估列表,并强调连续的测试、验证、评价和辩护过程应该贯穿于人工智能系统包含设计、开发、使用和评估在内的完整生命周期。

草案将交付"欧洲人工智能联盟"各利益攸关方协商讨论后，于 2019 年 3 月确定并签署其最终版本。除此之外，高级专家组还将起草《人工智能政策和投资建议》，计划于 2019 年中期发布。

涉及人工智能领域的 5 类基本权利如下。

①尊重人的尊严（respect for human dignity）；

②个人自由（freedom of the individual）；

③尊重民主，正义和法治（respect for democracy, justice and the rule of law）；

④平等，不歧视和团结，包括属于少数群体的人的权利（equality, non-discrimination and solidarity including the rights of persons belonging to minorities）；

⑤公民权利（citizens rights）。

"可信赖的人工智能" 的 5 条原则和价值观如下。

①善意原则："做好事"（beneficence："do good"）；

②不作恶原则："不伤害"（non maleficence："do no harm"）；

③自治原则："保护人类能动性"（autonomy："preserve human agency"）；

④正义原则："公平"（justice："be fair"）

⑤可解释性原则："操作透明"（explicability："operate transparently"）。

"可信赖的人工智能" 的 10 项具体要求如下。

①问责制（accountability）；

②数据治理（data governance）；

③为所有人设计（design for all）；

④人工智能自主性的治理（人类监督）[governance of AI autonomy (human oversight)]；

⑤不歧视（non discrimination）；

⑥尊重（和加强）人的自主性 [respect for （& enhancement of） human autonomy]；

⑦尊重隐私（respect for privacy）；

⑧鲁棒性（robustness）；

⑨安全（safety）；

⑩透明性（transparency）。

## 三、美国

2016 年，奥巴马政府白宫科技政策办公室发起了一系列研讨会并成立了机器学习与人工智能委员会，负责跟进人工智能与机器学习技术的最新进展，并帮助协调联邦政府关于人工智能的活动。此后，奥巴马政府相继发布了《为人工智能的未来做准备》（*Preparing For The Future of Artificial Intelligence*）、《美国国家人工智能研究和发展战略计划》（*The National Artificial Intelligence Research and Development Strategic Plan*）和《人工智能，自动化与经济》（*Artificial Intelligence, Automation, and the Economy*）3 份报告，阐述美国的人工智能发展战略。

《为人工智能的未来做准备》审视了人工智能的现状、现有和潜在的应用，以及可能引发的社会和政策问题，并给出了 23 条建议措施。报告中提到了政府应准确及时地监控和预测人工智能技术的发展，包括长期调查记录人工智能专家的看法。该报告还呼吁全体公民接受人工智能教育，能够阅读和理解数据，并参与到与人工智能相关政策制定的讨论中，并建议"学校和大学应该将伦理、（外部）安全（security）、隐私和（内部）安全（safety）等主题作为人工智能、机器学习、计算机科学和数据科学课程的一部分。"报告中还呼吁采取措施预防机器产生偏见，确保人工智能可以促进公平正义，确保以人工智能为基础的技术能够取得利益相关方的信赖等。此外，报告中还讨论了致命性自主武器问题。

《美国国家人工智能研究和发展战略计划》则作为全球首份国家层面的人工智能发展战略计划，确立了美国国家层面资助人工智能研究和发展的策略。该计划旨在利用联邦资金支持相关研究以研发新的人工智能技术，使人工智能给社会带来积极影响的同时，最小化其消极影响。计划分为 7 个重点战略方向。其中，"人工智能的伦理、法律和社会学研究战略"具体包括：通过设计提高公平性、透明度和可责性；构建人工智能伦理；设计人工智能伦理的架构。"确保人工智能系统的安全战略"则包括：提高可解释性和透明度；建立互信；增强验证（verification）和确认（validation）；防范攻击；实现长期的人工智能安全与价值一致。

《人工智能，自动化与经济》重点关注人工智能驱动的自动化经济，并认为后续政府应该制定政策，推动人工智能发展并释放企业和工人的创造潜力，确保美国在人工智能的创造和使用中的领导地位。其中讨论了人工智能带来的就业问题。

与奥巴马政府不同，特朗普政府将美国在人工智能方面的领导地位放在首位。2018 年 5 月，特朗普政府成立了人工智能特别委员会，由政府高级研发官员组成，目前正致力于更新 2016 年首次发布的《美国国家人工智能研究和发展战略计划》。特朗普政府已经开展了人工智能的讨论。讨论的优先事项包括：资助人工智能研究，消除部署人工智能技术的监管障碍，培训未来的美国劳动力，实现战略军事优势，利用人工智能进行政府服务，以及与盟友合作推动人工智能研发。为此，特朗普总统的 2019 财年预算申请是历史上第一个将人工智能，以及自主系统和无人系统指定为行政研发优先事项的计划。同时，为了"消除部署人工智能技术的监管障碍"以降低政府对技术发展的干预，特朗普政府采取了包括降低对自动驾驶、无人机、人工智能医疗诊断的管制等行动，通过允许人工智能的"自由发展"来促进产业发展。也有观点认为，上述政策讨论中"关于失业、移民政策对技术部门的影响、隐私、网络安全及对弱势群体的影响的讨论显然很少。"

2018 年 6 月，美国国防部建立了联合人工智能中心（JAIC），旨在探索和发展国防部对人工智能技术的使用，并强调在"勇敢和敏捷地追求人工智能应用"的同时，"确保对军事伦理和人工智能安全的坚定承诺。"JAIC 的一大任务是，吸引和培养一批由任务驱动的世界级人工智能人才，其中的一部分将会参与制定一个伦理框架，开发"国防人工智能原则"（AI principles for defense）。

2018 年 8 月，美国总统特朗普正式签署了《2019 年国防授权法案》。法案批准成立美国人工智能国家安全委员会。委员会将包括由不同政府官员选出的15 名成员。委员会的任务是"审查人工智能、机器学习发展和相关技术的进步，着眼于美国的竞争力、国家保持竞争力的方式及需要注意的任何道德考虑。"其具体任务包括："（F）美国和外国在人工智能和机器学习在军事中应用的风险；（G）人工智能与机器学习在未来应用中的相关伦理考虑；（H）为数据建立标准并激励公开的训练数据集共享；（I）开发人工智能、机器学习及其他相关技术中所用到的数据的隐私与安全保护措施。"

2017 年 7 月，美国国土安全部发布了《关键基础设施的人工智能风险》报告，分析人工智能的使用可能带来的好处和风险。此外，国会已提出许多提及或关注人工智能的法案。至少有 9 项与自动驾驶有关的法案，包括 2017 年 9 月通过众议院的《自动驾驶法案》。该法案要求交通部研究如何向消费者通报高度自动化车辆的能力和局限性。

2018 年 1 月 18 日，美国众议院提出的《2018 年人工智能法案》规定："国会意识到技术可以改善个人的生活，但也可以破坏工作，因此，应该鼓励创新，同时培训和再培训美国工人，以应对 21 世纪的经济。"该法案要求劳工部长准备人工智能情报及其对劳动力的影响。

在州和地方层面，还有许多与人工智能相关的法案。例如，2018 年 8 月，加利福尼亚州参议院通过了一项支持 Asilomar AI 原则的决议——一套 23 项安全和有益的 AI 开发和使用指南。此外，纽约市议会于 2017 年通过了一项算法问责法案，成立了纽约算法监督工作组。该小组研究城市机构如何使用算法做出影响纽约人生活的决策。2017 年 12 月，主管 David Canepa 在加利福尼亚州圣马刁县提出了一项决议，呼吁国会和联合国限制致命性自主武器的开发和使用。

## 四、日本

在 2016 年 4 月举办的信息通信技术七国集团（G7）部长级会议上，日本作为主办国提出了人工智能发展原则，与会各国对此进行了讨论，并同意将与经合组织（OECD）等国际机构合作，继续引导人工智能研发准则的讨论。在此背景下，日本总务省（MIC）下属的情报通信政策研究所（IICP）随后召开了人工智能网络协会会议（The Conference toward AI Network Society），一方面负责起草人工智能研发准则，用于提交 G7 和 OECD 等国际场合讨论；另一方面负责评估人工智能网络对社会各部门的影响和风险。2017 年 7 月，会议发布了《人工智能研发准则（草案）》（AI R&D Guidelines），草案中提出了 5 条"基本哲学"（basic philosophies）和 9 条"人工智能研发原则"（AI R&D principles），内容主要针对人工智能系统的研究和开发活动。2018 年 7 月，会议又发布了《人工智能利用原则（草案）》（AI Utilization Principles），面向人工智能系统的用户进一步提出了 10 条应该考虑的原则。

2018 年 12 月 27 日，日本内阁府发布了《以人类为中心的人工智能社会原则（草案）》（Principles of Human-centric AI Society），该草案是日本内阁府自 2018 年 5 月起召开的系列专门研讨会的初步成果。草案中提到，人工智能技术的应用可以帮助日本实现"Society 5.0"发展目标，促进一系列社会问题的解决，并对全球可持续发展目标做出贡献。草案提出，在人工智能技术的研究与开发之外，应通过重新设计社会系统、产业结构、创新体系、治理及公民素质等各个方面来促进社会朝向"人工智能就绪社会"（AI-ready society）

转型，以实现有效、安全地利用人工智能并避免其带来的负面影响。这样的"人工智能就绪社会"应该尊重包括尊严、多样与包容、可持续在内的基本价值观，并遵循一系列人工智能的社会原则（针对行政立法机关）和人工智能的开发利用原则（针对研究开发人员和用户）。

人工智能的社会原则（Social Principles of AI）如下。

①人类中心（human-centric）；

②教育（education）；

③隐私（privacy）；

④安全（security）；

⑤公平竞争（fair competition）；

⑥公平、问责与透明（fairness，accountability and transparency）；

⑦创新（innovation）。

## 五、产业及学术界

随着深度学习等给人工智能领域带来的突破和人工智能技术的广泛应用，产业界也纷纷开始关注人工智能技术对未来人类社会的潜在影响，一些企业家也积极参与到人工智能社会伦理的讨论中。社会各界的关注促使不少研究机构、民间团体相继成立。这些机构和团体分别从不同的视角出发来讨论人工智能的社会伦理问题。

### 1.DeepMind

DeepMind 是一家英国的人工智能公司，创建于 2010 年，2014 年被谷歌收购。2017 年 10 月，DeepMind 成立了伦理与社会研究组（DeepMind Ethics &

Society），以"补充其在人工智能科学和应用方面的工作"。该研究组有两个目标：一方面"帮助技术人员将伦理规范付诸实践"；另一方面"帮助社会预测和引导人工智能的影响，使其有利于所有人。"为此，研究组还确定了一些主要的伦理问题，并提出了 5 条核心原则。

DeepMind 伦理与社会研究组确定的主要伦理问题如下。

①隐私、透明与公正（privacy，transparency and fairness）；

②经济影响：包容与平等（economic impact: inclusion and equality）；

③治理与问责（governance and accountability）；

④管理人工智能风险：滥用和意外后果（managing AI risk: misuse and unintended consequences）；

⑤人工智能道德和价值观（AI morality and values）；

⑥人工智能和世界复杂的挑战（AI and the world's complex challenges）。

DeepMind 伦理与社会研究组提出的 5 条核心原则如下。

①社会福祉（social benefit）；

②严格和循证（rigorous and evidence based）；

③透明和开放（transparent and open）；

④多样化和跨领域（diverse and interdisciplinary）；

⑤合作与包容（collaborative and inclusive）。

### 2. 谷歌

2018 年年初，谷歌与美国国防部的人工智能军事项目 Project Maven 被披露后饱受争议，数千名谷歌员工签名抵制，最终导致谷歌承诺在该项目到期后不再续签。随后的 2018 年 6 月，谷歌 CEO Sundar Pichai 在博客中发布了谷歌的人工智能原则及（谷歌）不会追求的人工智能应用，其中包括不会将人工智能用于军事用途。

谷歌人工智能：我们的原则（Artificial Intelligence at Google: Our Principles）

①对社会有益（be socially beneficial）；

②避免造成或加强不公平的偏见（avoid creating or reinforcing unfair bias）；

③为安全而建造和测试（be built and tested for safety）；

④对人负责（be accountable to people）；

⑤纳入隐私设计原则（incorporate privacy design principles）；

⑥坚持科学卓越的高标准（uphold high standards of scientific excellence）；

⑦对于符合这些原则的用途使其可用（be made available for uses that accord with these principles）。

### 3. 微软

2016年，微软CEO纳德拉提出6项AI原则：AI必须被设计来辅助人类；AI必须是透明的；AI必须在最大化效率的同时，尊重人类尊严；AI必须被设计来实现智能化的隐私保护；AI必须具有算法可责性，以便人们可以弥补意外出现的损害；AI必须防止偏见，确保恰当、有代表性的研究，以便错误的启发法不被用来歧视。

2018年1月，微软发布《计算化未来：人工智能及其社会角色》（*The Future Computed: Artificial Intelligence and Its Role in Society*）一书，阐述了6项AI原则：①公平，AI系统应当公平对待每个人；②可靠性，AI系统必须安全可靠地运行；③隐私，AI系统必须尊重隐私；④包容性，AI系统必须赋能每一个人并使人们参与其中；⑤透明，AI 系统必须是可理解的；⑥可责性，设计、应用 AI 系统的人必须对其系统的运行负责。

微软设立了开发和研究人工智能与道德标准（AETHER）委员会来落实这六大原则。

### 4. OpenAI

2015 年年底，伊隆·马斯克及萨姆奥特曼出于对普遍的人工智能潜在风险的担忧，成立了一个非营利的人工智能研究组织，即 OpenAI，致力于通过与其他机构和研究者的"自由合作"，向公众开放专利和研究成果，而使人类整体受益。

2018 年 4 月 9 日，OpenAI 发布 OpenAI 纲领（OpenAI Charter），提出 OpenAI 的使命是确保通用人工智能（artificial general intelligence， AGI），即一种高度自主且在大多数具有经济价值的工作上超越人类的系统，将为全人类带来福祉。"我们不仅希望直接建造出安全的、符合共同利益的通用人工智能，而且愿意帮助其他研究机构共同建造出这样的通用人工智能以达成我们的使命。"为了达到这个目标，OpenAI 制定了以下原则。

（1）广泛造福社会

我们承诺在通用人工智能的开发过程中，将利用所有可获得的影响力，确保它可以造福全人类。我们将避免把人工智能或通用人工智能的技术置于损害人类或过度集中权力的事业中。

我们的首要任务是对人类文明负责。我们预计需要调用大量资源来完成这一使命。同时，我们会积极行动以减少雇员和利益相关者间的利益冲突，确保大多数人可以受益。

（2）关注长远安全问题

OpenAI 致力于进行能够确保通用人工智能安全的研究。我们力求在整个人工智能研究领域内推动这类研究项目的广泛应用。

我们担心通用人工智能在发展后期将演变成一场激烈的竞赛，导致缺乏充足的时间进行安全防范。因此，如果一个与人类价值观相符、注重安全的项目领先于我们将近达成通用人工智能,我们承诺将停止竞赛,　转而协助这个项目。我们会针对个别情况设计具体的合作方案。不过,一个典型的触发条件可能会是"这个项目在未来两年内能够成功研发通用人工智能的概率超过一半"。

(3) 引领技术研究

为了能有效地促进通用人工智能对社会的正面影响,OpenAI 必须站在人工智能技术研究的前沿。我们认为仅做政策和安全性的倡导是过于单薄的。

我们相信人工智能在达成通用人工智能之前便会产生广泛的社会影响。OpenAI 希望在符合我们的使命和专长的领域中努力保持领先地位。

(4) 保持合作意愿

我们会和其他研究机构及政策制定机构积极合作。我们希望可以建立一个国际化的社区,共同应对通用人工智能的全球性挑战。

我们致力于研发公共物品,以帮助社会走向与通用人工智能共处的时代。目前,这包括公开发表大多数的人工智能研究成果。OpenAI 预料未来对安全和安保的考虑将会使我们减少发表传统的研究成果,而更注重分享安全、政策和标准化相关的研究。

### 5. 生命未来研究所

生命未来研究所(Future of Life Institute, FLI)成立于 2014 年 3 月,是美国波士顿的一个非营利组织,致力于应对"人类面临的生存风险特别是来自高级人工智能的生存风险"。FLI 由麻省理工学院物理系教授马克斯·泰格马克(Max Tegmark)、Skype 联合创始人贾恩·塔林(Jaan Tallinn)等人共同创建,其 14 位科学咨询委员会成员由来自社会各界,包括哲学家尼克·博斯特罗姆(Nick Bostrom)、计算机科学家斯图尔特·罗素(Stuart J.Russell)、物理学家斯蒂芬·霍金(Stephen Hawking)、神经科学家克里斯托弗·科赫(Christof Koch)、企业家埃隆·马斯克(Elon Musk)、演员摩根·弗里曼(Morgan Freema)等。自成立以来,FLI 在埃隆·马斯克的捐赠下发起了多批资助项目,支持了全球数十所大学和研究机构的人工智能安全与伦理研究,并举办了一系列相关的学术会议和研讨会。2017 年 1 月，FLI 主导的"有益的人工智能 2017"（Beneficial AI 2017）会议讨论制定了《阿西洛马人工智能原则》（*Asilomar AI Principles*），至今已有数千名专家签署，对后续各个组织的人工智能政策及伦理原则制定有着重要的影响。

《阿西洛马人工智能原则》共 23 条，从"研究问题""道德标准和价值观念""长期问题"3 个方面，呼吁以建立"有益的人工智能"（beneficial AI）为目标，使人工智能未来在几十年甚至几世纪的持续发展能够"创造更多机会以更有效地帮助和壮大人类"。截至 2018 年年末，已经有总计 3814 人签署，其中包括 1273 位来自人工智能和机器人领域的专家。《阿西洛马人工智能原则》为后续许多人工智能原则的制定提供了非常重要的参考。

### 6. 电气电子工程师学会（IEEE）

2016 年 4 月，电气电子工程师学会（IEEE）发起了"关于自主与智能系统的伦理考虑的全球倡议"（The IEEE Global Initiative on Ethics of Autonomous and Intelligent Systems，以下简称"IEEE 全球倡议"）项目。该项目汇集了全球 250 多位来自学术界、工业界、民间团体和政府组织的专家参与，就人工智能与自主系统的伦理问题进行讨论，目标是确保所有利益相关者能够"将有关于人类福祉的伦理考量纳入人工智能及自主系统的设计和制造过程中"，促使人们"有意识地优先考虑个人、社区和社会的伦理价值"，并促进相关国家政策和全球政策的制定。"IEEE 全球倡议"主要包含以下 2 个方面工作。

其一，发布并更新《合乎伦理的设计：在人工智能及自主系统中将人类福祉摆在优先地位的愿景》系列报告 [Ethically Aligned Design：A Vision for Prioritizing Human Well-being with Autonomous and Intelligent Systems (A/IS)，以下简称"EAD 报告"]。该报告的第一版和第二版先后于 2016 年 12 月和 2017 年 12 月发布，并于随后公开征求了各界意见。第二版报告围绕人工智能与自主系统的社会伦理问题，从一般原则、价值嵌入、研究设计方法论、

AGI/ASI 的安全性和有益性、个人数据权利和个人访问控制、重塑自主武器、经济／人道主义问题、法律、情感计算、政策、经典伦理学、混合现实、人类福祉 13 个不同主题出发，讨论如何能够更好地设计"合乎伦理"的人工智能与自主系统，为各相关领域的专家提供一系列建议和参考。在进一步吸纳各界意见后，最终版的 EAD 报告于 2019 年发布。

其二，通过 EAD 系列报告为制定 IEEE P7000 系列标准提供建议。受这些建议的启发，IEEE 标准协会（IEEE-SA）自 2016 年起已先后批准成立了一系列工作组来制定 IEEE P7000 系列标准，旨在通过标准化系统确保自主与智能技术能够优先考虑伦理关切。目前，IEEE P7000 系列标准已经涵盖了 14 个不同主题，包括解决系统设计中的伦理问题的建模过程（P7000）、自主系统的透明性（P7001）、数据隐私的处理（P7002）、算法偏见的处理（P7003）、儿童与学生数据治理标准（P7004）、雇主数据治理标准（P7005）、个人数据的 AI 智能体标准（P7006）、伦理驱动的机器人和自动化系统的本体标准（P7007）、机器人及智能与自主系统中伦理驱动的助推标准（P7008）、自主和半自主系统的失效安全设计标准（P7009）、合乎伦理的人工智能与自主系统的福祉度量标准（P7010）、识别和评估新闻来源可信度的过程标准（P7011）、机读可识别个人隐私条款标准（P7012）、自动面部分析技术的包含和应用标准（P7013）。

除了上述"IEEE 全球倡议"，2018 年 10 月，IEEE 还与 IEEE-SA 一同发起了自主与智能系统伦理认证计划（ECPAIS），尝试定义一系列认证和标记流程规范，使得各组织可以通过这些标记寻求经过认证的自主与智能产品、系统和服务，从而确保产品中算法的透明性与可问责性，减少偏见带来的影响，增强用户对产品的信任度。

## 第三节 发展负责任的人工智能

2019 年 6 月 17 日，国家新一代人工智能治理专业委员会发布《新一代人工智能治理原则——发展负责任的人工智能》（以下简称《治理原则》），提出了人工智能治理的框架和行动指南。

《治理原则》旨在更好协调人工智能发展与治理的关系，确保人工智能安全可控可靠，推动经济、社会及生态可持续发展，共建人类命运共同体。《治理原则》突出了发展负责任的人工智能这一主题，强调了和谐友好、公平公正、包容共享、尊重隐私、安全可控、共担责任、开放协作、敏捷治理 8 条原则。

## 一、和谐友好

人工智能发展应以增进人类共同福祉为目标；应符合人类的价值观和伦理道德，促进人机和谐，服务人类文明进步；应以保障社会安全、尊重人类权益为前提，避免误用，禁止滥用、恶用。

## 二、公平公正

人工智能发展应促进公平公正，保障利益相关者的权益，促进机会均等。通过持续提高技术水平、改善管理方式，在数据获取、算法设计、技术开发、产品研发和应用过程中消除偏见和歧视。

## 三、包容共享

人工智能应促进绿色发展，符合环境友好、资源节约的要求；应促进协调发展，推动各行各业转型升级，缩小区域差距；应促进包容发展，加强人工智能教育及科普，提升弱势群体适应性，努力消除数字鸿沟；应促进共享发展，避免数据与平台垄断，鼓励开放有序竞争。

## 四、尊重隐私

人工智能发展应尊重和保护个人隐私，充分保障个人的知情权和选择权。

在个人信息的收集、存储、处理、使用等各环节应设置边界，建立规范。完善个人数据授权撤销机制，反对任何窃取、篡改、泄露和其他非法收集利用个人信息的行为。

## 五、安全可控

人工智能系统应不断提升透明性、可解释性、可靠性、可控性，逐步实现可审核、可监督、可追溯、可信赖。高度关注人工智能系统的安全，提高人工智能鲁棒性及抗干扰性，形成人工智能安全评估和管控能力。

## 六、共担责任

人工智能研发者、使用者及其他相关方应具有高度的社会责任感和自律意识，严格遵守法律法规、伦理道德和标准规范。建立人工智能问责机制，明确研发者、使用者和受用者等的责任。人工智能应用过程中应确保人类知情权，告知可能产生的风险和影响。防范利用人工智能进行非法活动。

## 七、开放协作

鼓励跨学科、跨领域、跨地区、跨国界的交流合作，推动国际组织、政府部门、科研机构、教育机构、企业、社会组织、公众在人工智能发展与治理中的协调互动。开展国际对话与合作，在充分尊重各国人工智能治理原则和实践的前提下，推动形成具有广泛共识的国际人工智能治理框架和标准规范。

## 八、敏捷治理

尊重人工智能发展规律，在推动人工智能创新发展、有序发展的同时，及时发现和解决可能引发的风险。不断提升智能化技术手段，优化管理机制，完善治理体系，推动治理原则贯穿人工智能产品和服务的全生命周期。对未来更高级人工智能的潜在风险持续开展研究和预判，确保人工智能始终朝着有利于人类的方向发展。

# 展望 AI@2030

2030 年，我们将能够合并人类的大脑和计算机网络，创造一种混合形式的人工智能。

——雷·库兹韦尔（未来学家，奇点大学创始人）

在未来 20 年内，工作自动化将变得庞大，这将意味着数百万人类工作者将被机器人、智能和自动化系统所取代。

——比尔·盖茨（微软公司创始人）

争取到 2030 年，我国每万名产业工人所拥有的工业机器人数量达到 300 台；无人拖拉机、背包机器人、农用无人机等成为新一代"农民"；老年人、残疾人和儿童平均每人拥有一台服务机器人。

——李德毅（中国人工智能学会会长、中国工程院院士）

今天我们的商业是 B2C，2030 年会是 C2B（智能商务）。2030 年不再会有中国制造、美国制造、瑞士制造，而是 Made in Internet。

——马云 @ "WTO Public Forum 2018"

二十年前信息化即现代化，今天的"现代化"就是 AI 化即人工智能化，未来所有企业都与 AI 有关。

———李彦宏 @ "2018 世界人工智能大会"

AI 发展有四波浪潮：互联网智能化、商业智能化、实体世界智能化和全自动智能化。到了 2025 年，AI 则会无所不在，并且 AI 的应用将会非常容易。

———李开复（创新工场董事长兼 CEO）

为了在 2030 年之前为所有人和地球实现一个和平与繁荣的世界，我们必须将人工智能的变革力量引向联合国可持续发展目标。

———联合国 2030 远景报告《Artificial Intelligence and the Sustainable Development Goals: the State of Play》

在人工智能的推动下，2030 年全球 GDP 将增长 14%，相当于 15.7 万亿美元。50% 以上的增长将归功于劳动生产力的提升，其他则主要来自人工智能激发的消费需求的增长。从地域分布来看，中国（2030 年 GDP 将增长 26%）和北美（GDP 增长 14.5%）有望成为人工智能的最大受益者，总获益相当于 10.7 万亿美元，占据全球增长比例的近 70%。

———普华永道《抓住机遇》

人工智能可以在广泛的经济领域和各种情况下发挥作用，帮助控制环境影响和气候变化。在环境应用中采用人工智能可以使全球经济到 2030 年增加 5.2 万亿美元，相比常规场景下使用人工智能高出 4.4%，同时，人工智能还有助于让全球温室气体排放量减少 4%，相当于 2030 年澳大利亚、加拿大和日本的排放量总和。

———普华永道《人工智能如何实现可持续发展的未来》

到 2030 年，人工智能可能会带来 13 万亿美元的额外全球经济活动，使其对经济增长的贡献与引进蒸汽机等其他变革性技术不相上下。大约 70%的公司将采用至少一种人工智能，而且很大一部分大型企业将使用全方位的技术。

——麦肯锡全球研究院《Notes from the AI Frontier: Modeling the Impact of AI on the World Economy》

目前还没有能够长期自我存续的机器被研发出来，而且短期内也不可能。相反，未来 15 年预计将有越来越多的实用 AI 应用被研发，并可能对社会和经济带来深远的积极影响。如果社会以恐惧和怀疑的态度对待这些技术，就会阻碍人工智能的发展。相反，如果社会对人工智能持更开放的态度，人工智能在未来数十年会让社会变得更美好。

——斯坦福大学《Artificial Intelligence and Life in 2030》

到 2030 年，当今项目管理（PM）行业 80%的工作将被消除，因为人工智能将替代项目管理中常规的人类职能，如数据收集、跟踪和报告。

——高德纳公司《How AI Will Reinvent Program and Portfolio Management》

2030 年，利用照相机、道路传感器、人工智能系统收集数据，参照车流量进行调整，从而更优化地处理交通堵塞、行人安全通行等问题的智能交通灯将出现于每条街道上；智能家居能够学习电视或者音乐里的内容，并能依据家里每个人的作息规律，个性化调节灯光强度及室温。它们还能提醒主人提前准备即将到来的家庭聚会，并在冰箱食物告罄时发出警报，或基于食物储存情况为主人提供食谱；通过先进的语音识别技术和独立从数据库中匹配病症的能力，机器人助手能加快医生的预约、减少误诊率；2030 年，人工智能将运用于维护社区安全；2030 年，学校里的助教可能不是人类。

——科学杂志《Five Surprising Ways AI Could Be a Part of Our Lives by 2030》

欢迎来到未来保险世界。现在是 2030 年，斯科特是一位普通顾客，他将带我们领略未来。现在，他要穿越市区去开会，于是他的私人数字助理为他叫来了一辆自动驾驶汽车。坐进车里，斯科特决定自己驾驶，于是他选择了"人工"驾驶模式。接下来，私人助理为他规划了一条路线，并与他的出行保险公司取得了联系，保险公司立刻回应，建议他考虑另一条路线，这条路线的事故和汽车损坏概率低很多，月度保费也会相应调整。综合考虑之后，斯科特选定了一条路线，此时，私人数字助理提醒他，考虑到路上的车流量和其他车辆的分布情况，他最终选择的这条路线会使出行保费提高 4% ~ 8%。此外，私人数字助理还提醒他，本季度按照"生存支付定价"的寿险保单保费会提高 2%，增加的金额将从他的银行账户自动扣除。当斯科特驶进目的地的停车位时，他不小心撞到了某个停车标志。车辆停稳之后，车内的诊断系统自动确定了损坏程度。在私人数字助理的引导下，他对车辆的右前保险杠区域和两处周围物体拍了照片。随后，斯科特回到驾驶座位，此时仪表盘屏幕上显示了损坏情况，并显示保险理赔已被受理，一架快速反应无人机正被派往现场进行勘验。如果这辆汽车还可开动，那么替代车辆到达之后，这辆汽车会在自动导航系统的指引下就近自动开往在网上登记的修理厂。

——麦肯锡《保险 2030：人工智能将如何改写保险业》

# 参考文献

[1] 国务院关于印发新一代人工智能发展规划的通知 [A/OL]. （2017-07-20） [2019-02-22]. http://www.gov.cn/zhengce/content/2017-07/20/content_5211996.htm.

[2] 工业和信息化部关于印发《促进新一代人工智能产业发展三年行动计划（2018—2020年）》的通知 [A/OL]. (2017-12-14) [2019-02-22]. http://www.miit.gov.cn/n1146285/n1146352/n3054355/n3057497/n3057498/c5960779/content.html.

[3] 四部门关于印发《"互联网+"人工智能三年行动实施方案》的通知[A/OL]. (2016-05-23) [2019-02-22]. http://www.gov.cn/xinwen/2016-05/23/content_5075944.htm.

[4] 中国信通院.人工智能发展白皮书产业应用篇（2018年）[R/OL]. （2018-12-31） [2019-02-20]. http://www.caict.ac.cn/kxyj/qwfb/bps/201812/t20181227_191672.htm.

[5] 腾讯研究院.AI泡沫前，我们怎么办？中美两国人工智能产业发展全面解读[R/OL]. (2017-08-02) [2019-02-22]. http://www.tisi.org/4924.

[6] 艾瑞咨询.中国AI+安防行业发展研究报告（2019年）[R/OL]. （2019-02-02) [2019-03-30].https://www.iresearch.com.cn/Detail/report?id=3327&isfree=0.

[7] 德勤.智能工厂：响应度高、适应性强的互联制造 [R/OL]. （2018-01-29） [2019-03-30].http://www.sohu.com/a/219628311_204078.

[8]  德勤 . 中国智慧物流发展报告 [R/OL].  （2018-02-06）  [2019-03-30].http://
     www.sohu.com/a/221277587_99935012.

[9]  吴澄 . 中国自主无人系统智能应用的畅想 [EB/OL].  （2017-11-13）  [2019-03-30].
     http://news.sciencenet.cn/htmlnews/2017/7/382193.shtm.

[10]  寻艾 AI. 在 2030 年，人工智能技术将会改变教育 [EB/OL].  （2018-08-21）  [2019-
      03-30].https://www.jianshu.com/p/4dbca93f30c7.